普通高等教育"十三五"应用型本科规划教材

复变函数与积分变换

张媛 伍君芬 程云龙 主 编
潘显兵 普会祝 陈波 副主编

清华大学出版社
北京

内 容 简 介

本书主要面向应用技术型本科院校,根据高等学校通信、电子、自动化等专业关于该课程的基本要求编写而成,主要介绍复变函数和积分变换的基本概念、理论与方法. 全书共分 8 章,主要内容包括:复数与复变函数、解析函数、复变函数的积分、级数、留数、傅里叶变换、拉普拉斯变换和 MATLAB 在复变函数与积分变换中的应用. 每章后面给出了本章的小结,以便读者及时总结归纳,同时还设计了一定数量的习题,并附有习题答案或提示.

本书可作为高等学校理工科类相关专业的教材或参考书,也可供其他有关专业选用.

本书封面贴有清华大学出版社防伪标签,无标签者不得销售.
版权所有,侵权必究。举报: 010-62782989, beiqinquan@tup.tsinghua.edu.cn.

图书在版编目(CIP)数据

复变函数与积分变换/张媛,伍君芬,程云龙主编. —北京: 清华大学出版社,2017(2024.7重印)
(普通高等教育"十三五"应用型本科规划教材)
ISBN 978-7-302-48064-8

Ⅰ. ①复… Ⅱ. ①张… ②伍… ③程… Ⅲ. ①复变函数－高等学校－教材 ②积分变换－高等学校－教材 Ⅳ. ①O174.5 ②O177.6

中国版本图书馆 CIP 数据核字(2017)第 205814 号

责任编辑:陈 明
封面设计:傅瑞学
责任校对:王淑云
责任印制:杨 艳

出版发行:清华大学出版社
    网　　址:https://www.tup.com.cn, https://www.wqxuetang.com
    地　　址:北京清华大学学研大厦 A 座　　　　邮　编:100084
    社 总 机:010-83470000　　　　　　　　　邮　购:010-62786544
    投稿与读者服务:010-62776969, c-service@tup.tsinghua.edu.cn
    质量反馈:010-62772015, zhiliang@tup.tsinghua.edu.cn
印 装 者:天津鑫丰华印务有限公司
经　　销:全国新华书店
开　　本:170mm×230mm　　印　张:11.25　　字　数:226 千字
版　　次:2017 年 8 月第 1 版　　　　　　　印　次:2024 年 7 月第 11 次印刷
定　　价:36.00 元

产品编号:076485-04

前 言

在科学技术高度融合发展的今天,复变函数与积分变换已经广泛应用于自然科学的众多领域,如控制工程、理论物理、电子工程、流体力学等.复变函数与积分变换是高等院校理工科学生必备的数学基础知识.

本书作者参照教育部关于普通应用型本科院校的基本要求,本着国家高等院校教育教学改革的精神,根据本科院校应用型人才培养需求的实际情况,特编写此书.

本书需要具备的基础知识是微积分,主要介绍复数与复变函数、解析函数、复变函数的积分、级数、留数、积分变换等.笔者本着贯彻"以应用为目的,以够用为度"的原则,力求做到内容简洁,语言精练,逻辑严谨,突出思想与方法,深入浅出地化解概念,融会贯通地分析与说明,突出概念和计算.本书配备典型例题,所设习题难度适中,每章适当小结以帮助读者掌握好重点和基本方法.考虑到计算机的实现是一个重要目标,我们将复变函数与积分变换在MATLAB中的实现写入书中,并列举了涉及每章内容的例题.

本书由潘显兵提出思想和提纲,张媛、伍君芬、程云龙、普会祝、陈波等主要参与编写.编写过程中,编者参阅了大量相关教材和资料并借鉴了其中部分内容.另外,本书的出版得到清华大学出版社的大力支持,在此一并表示衷心感谢!

由于作者水平有限,书中难免有不妥之处,请读者批评指正.

编 者

2017 年 4 月

目 录

第1章　复数与复变函数 ……………………………………………… 1

1.1　复数及其四则运算 ………………………………………… 1
　　1.1.1　复数的概念 ……………………………………… 1
　　1.1.2　复数的四则运算 ………………………………… 1
1.2　复数的几何表示 …………………………………………… 2
　　1.2.1　复数的点表示 …………………………………… 2
　　1.2.2　复数的向量表示 ………………………………… 3
　　1.2.3　复数的三角表示与指数表示 …………………… 4
1.3　复数的乘幂与方根 ………………………………………… 6
　　1.3.1　复数的乘积与商 ………………………………… 6
　　1.3.2　复数的乘幂与方根 ……………………………… 8
1.4　平面点集的一般概念 ……………………………………… 10
　　1.4.1　平面点集 ………………………………………… 10
　　1.4.2　平面曲线 ………………………………………… 11
1.5　复变函数的概念、极限与连续性 ………………………… 12
　　1.5.1　复变函数的定义 ………………………………… 12
　　1.5.2　复变函数的极限 ………………………………… 14
　　1.5.3　复变函数的连续性 ……………………………… 16
1.6　复球面与无穷远点 ………………………………………… 17
小结 …………………………………………………………………… 18
习题一 ………………………………………………………………… 19

第2章　解析函数 ……………………………………………………… 22

2.1　解析函数的概念 …………………………………………… 22
　　2.1.1　复变函数的导数 ………………………………… 22
　　2.1.2　解析函数的概念 ………………………………… 24
2.2　函数解析的充要条件 ……………………………………… 25

2.3 初等函数 ·· 28
    2.3.1 指数函数 ··· 29
    2.3.2 对数函数 ··· 30
    2.3.3 幂函数 ·· 32
    2.3.4 三角函数 ··· 33
    *2.3.5 反三角函数 ·· 34
小结 ·· 35
习题二 ··· 36

第3章 复变函数的积分 ··· 39

3.1 复变函数积分的概念与性质 ·· 39
    3.1.1 有向曲线 ··· 39
    3.1.2 复变函数积分的概念 ·· 39
    3.1.3 复变函数积分存在条件 ··· 40
    3.1.4 复变函数积分的计算——参数方程法 ···································· 41
    3.1.5 复变函数积分的基本性质 ··· 43
3.2 柯西-古萨定理与复合闭路定理 ··· 44
    3.2.1 柯西-古萨定理 ··· 44
    3.2.2 复合闭路定理 ·· 46
3.3 原函数与不定积分 ··· 49
    3.3.1 变上限积分 ··· 49
    3.3.2 原函数与不定积分 ·· 51
3.4 柯西积分公式 ·· 53
3.5 解析函数的高阶导数 ··· 55
3.6 解析函数与调和函数的关系 ·· 58
小结 ·· 61
习题三 ··· 63

第4章 级数 ·· 66

4.1 复数项级数 ··· 66
    4.1.1 复数列的极限 ·· 66
    4.1.2 复数项级数 ··· 67
4.2 幂级数 ··· 69
    4.2.1 函数项级数与幂级数的概念 ·· 69
    4.2.2 收敛圆和收敛半径 ·· 70

  4.2.3 收敛半径的求法 ……………………………………………… 71
  4.2.4 幂级数的运算及性质 …………………………………………… 73
 4.3 泰勒级数 ……………………………………………………………… 74
  4.3.1 泰勒定理 ………………………………………………………… 74
  4.3.2 将函数展开成泰勒级数 ………………………………………… 76
 4.4 洛朗级数 ……………………………………………………………… 79
  4.4.1 双边幂级数 ……………………………………………………… 79
  4.4.2 解析函数的洛朗展开式 ………………………………………… 80
  4.4.3 将函数展开成洛朗级数 ………………………………………… 82
 小结 ……………………………………………………………………………… 86
 习题四 …………………………………………………………………………… 87

第 5 章 留数 …………………………………………………………………… 90

 5.1 孤立奇点 ……………………………………………………………… 90
  5.1.1 孤立奇点的定义及其分类 ……………………………………… 90
  5.1.2 孤立奇点的判定 ………………………………………………… 91
  5.1.3 无穷远点 ………………………………………………………… 94
 5.2 留数 …………………………………………………………………… 95
  5.2.1 留数的概念 ……………………………………………………… 95
  5.2.2 留数的计算 ……………………………………………………… 98
  5.2.3 函数在无穷远点处的留数 ……………………………………… 101
 5.3 留数在积分上的应用 ………………………………………………… 103
  5.3.1 形如 $\int_0^{2\pi} R(\cos\theta, \sin\theta) d\theta$ 的积分 ………………………………… 103
  5.3.2 形如 $\int_{-\infty}^{+\infty} R(x) dx$ 的积分 …………………………………… 104
  5.3.3 形如 $\int_{-\infty}^{+\infty} R(x) e^{aix} dx (a>0)$ 的积分 ……………………… 106
 小结 ……………………………………………………………………………… 109
 习题五 …………………………………………………………………………… 112

第 6 章 傅里叶变换 …………………………………………………………… 114

 6.1 傅里叶变换的概念 …………………………………………………… 114
  6.1.1 傅里叶级数 ……………………………………………………… 114
  6.1.2 傅里叶级数的指数形式 ………………………………………… 115
  6.1.3 傅里叶积分公式与傅里叶变换 ………………………………… 116

6.2 单位脉冲函数及其傅里叶变换 ································· 120
    6.2.1 单位脉冲函数的概念 ································· 120
    6.2.2 单位脉冲函数的性质 ································· 121
6.3 傅里叶变换的性质 ··· 124
    6.3.1 基本性质 ··· 124
    6.3.2 卷积 ·· 128
小结 ··· 130
习题六 ·· 132

第7章 拉普拉斯变换 ·· 134

7.1 拉普拉斯变换的概念 ·· 134
    7.1.1 拉普拉斯变换的定义 ································· 134
    7.1.2 拉普拉斯变换的性质 ································· 136
7.2 拉普拉斯逆变换 ·· 141
7.3 拉普拉斯变换的应用 ·· 145
    7.3.1 解常微分方程 ·· 145
    7.3.2 解常微分方程组 ····································· 146
    7.3.3 综合应用 ··· 146
小结 ··· 147
习题七 ·· 149

第8章 MATLAB在复变函数与积分变换中的应用 ········· 151

8.1 复数及其矩阵生成的命令 ··································· 151
8.2 复数的运算 ·· 152
8.3 复变函数的积分 ·· 155
8.4 泰勒级数展开 ··· 157
8.5 留数计算 ·· 157
8.6 傅里叶变换及其逆变换 ······································ 158
8.7 拉普拉斯变换及其逆变换 ··································· 160

习题答案 ·· 163

参考文献 ·· 171

第1章 复数与复变函数

复变函数就是自变量与因变量均为复数的函数,在某种意义下可导的复变函数——解析函数,是本课程的重点研究对象.本章在回顾复数的基本概念与复数的四则运算的基础上,引入复数的几何表示、复平面上的区域以及复变函数的极限与连续性等概念,为后面研究解析函数奠定必要的理论基础.

1.1 复数及其四则运算

1.1.1 复数的概念

我们将形如 $z=x+\mathrm{i}y$ 或 $z=x+y\mathrm{i}$ 的数称为**复数**,其中 x 和 y 为实数,i 为**虚数单位**,并规定 $\mathrm{i}^2=-1$. 实数 x 和 y 分别称为复数 z 的**实部**与**虚部**,记为

$$x = \mathrm{Re}(z), \quad y = \mathrm{Im}(z).$$

例如,对复数 $z=2-\mathrm{i}$,有

$$\mathrm{Re}(z) = 2, \quad \mathrm{Im}(z) = -1.$$

虚部为零的复数就是实数,即 $x+\mathrm{i}\cdot 0=x$. 因此,全体实数可看作全体复数的一部分. 实部为零且虚部不为零的复数称为**纯虚数**.

设 $z_1=x_1+\mathrm{i}y_1$,$z_2=x_2+\mathrm{i}y_2$,当且仅当 $x_1=x_2$,$y_1=y_2$ 时 $z_1=z_2$,即两个复数相等当且仅当它们的实部和虚部分别相等. 因此,一个复数等于 0 当且仅当它的实部和虚部同时等于 0.

注意 一般情况下,两个复数只能说相等或不相等,而不能比较大小.

我们把实部相同而虚部互为相反数的两个复数称为**共轭复数**. z 的共轭复数记作 $\bar{z}$. 设 $z=x+\mathrm{i}y$,则

$$\bar{z} = x - \mathrm{i}y.$$

1.1.2 复数的四则运算

设 $z_1=x_1+\mathrm{i}y_1$,$z_2=x_2+\mathrm{i}y_2$ 是两个复数,其四则运算规定如下:

$$z_1 \pm z_2 = (x_1 + \mathrm{i}y_1) \pm (x_2 + \mathrm{i}y_2) = (x_1 \pm x_2) + \mathrm{i}(y_1 \pm y_2);$$

$$z_1 z_2 = (x_1 + \mathrm{i} y_1)(x_2 + \mathrm{i} y_2) = (x_1 x_2 - y_1 y_2) + \mathrm{i}(x_1 y_2 + x_2 y_1);$$

$$\frac{z_1}{z_2} = \frac{x_1 + \mathrm{i} y_1}{x_2 + \mathrm{i} y_2} = \frac{(x_1 + \mathrm{i} y_1)(x_2 - \mathrm{i} y_2)}{(x_2 + \mathrm{i} y_2)(x_2 - \mathrm{i} y_2)}$$

$$= \frac{x_1 x_2 + y_1 y_2}{x_2^2 + y_2^2} + \mathrm{i} \frac{x_2 y_1 - x_1 y_2}{x_2^2 + y_2^2} \quad (x_2^2 + y_2^2 \neq 0).$$

由上述规定,复数的加(减)法,可按实部与实部相加(减),虚部与虚部相加(减);复数的乘法,可按多项式的乘法法则进行,然后将结果中的 i^2 换成 -1;复数的除法,可把除式先写成分式的形式,然后分子分母同乘以分母的共轭复数,再进行化简. 显然,与实数的四则运算一样,复数的四则运算也满足下面性质:

(1) 交换律　$z_1 + z_2 = z_2 + z_1, z_1 z_2 = z_2 z_1$;

(2) 结合律　$(z_1 + z_2) + z_3 = z_1 + (z_2 + z_3), (z_1 z_2) z_3 = z_1 (z_2 z_3)$;

(3) 分配律　$z_1 (z_2 + z_3) = z_1 z_2 + z_1 z_3$.

容易验证,共轭复数具有如下性质:

(1) $\bar{\bar{z}} = z$;

(2) $\overline{z_1 \pm z_2} = \bar{z}_1 \pm \bar{z}_2, \overline{z_1 z_2} = \bar{z}_1 \bar{z}_2, \overline{\left(\frac{z_1}{z_2}\right)} = \frac{\bar{z}_1}{\bar{z}_2}$;

(3) $z \bar{z} = [\mathrm{Re}(z)]^2 + [\mathrm{Im}(z)]^2 = x^2 + y^2$(这里 $z = x + \mathrm{i} y$);

(4) $z + \bar{z} = 2\mathrm{Re}(z), z - \bar{z} = 2\mathrm{i}\mathrm{Im}(z)$.

例 1　设 $z_1 = 3 - 2\mathrm{i}, z_2 = 2 + 3\mathrm{i}$,求 $\frac{z_1}{z_2}$.

解　$\dfrac{z_1}{z_2} = \dfrac{3 - 2\mathrm{i}}{2 + 3\mathrm{i}} = \dfrac{(3 - 2\mathrm{i})(2 - 3\mathrm{i})}{(2 + 3\mathrm{i})(2 - 3\mathrm{i})} = \dfrac{(6 - 6) + (-9 - 4)\mathrm{i}}{2^2 + 3^2} = -\mathrm{i}.$

1.2　复数的几何表示

1.2.1　复数的点表示

因为复数 $z = x + y\mathrm{i}$ 可以由有序实数对 (x, y) 唯一确定,而有序实数对与坐标平面上的点一一对应,所以全体复数与坐标平面上的全体点构成一一对应关系,从而复数 $z = x + y\mathrm{i}$ 可以用坐标平面上的点 $P(x, y)$ 表示,反之亦然(图 1.1).

由于 x 轴上的点对应着全体实数,故 x 轴称为**实轴**;y 轴上除去原点的点对应着全体纯虚数,故 y 轴称为**虚轴**;两轴所在的平面称为**复平面**或 z 平面.

引进复平面之后,我们在"数"和"点"之间建立了联系. 为了方便起见,今后我们不再区分"数"和"点"、"数集"和"点集",说到"点"可以指它所

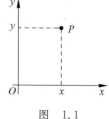

图　1.1

代表的"数",说到"数"也可以指它所代表的"点". 例如,把复数 $1-i$ 称为点 $1-i$,把点 $2+3i$ 称为复数 $2+3i$.

1.2.2 复数的向量表示

由于复数与坐标平面上的点一一对应,而坐标平面上的点与起点为原点的向量一一对应,因此,复数 $z=x+yi$ 也可用向量 $\overrightarrow{OP}$ 表示(图 1.2).

向量 $\overrightarrow{OP}$ 的长度称为复数 z 的**模**或**绝对值**,记作
$$|z|=r=\sqrt{x^2+y^2}.$$
显然,复数的模满足如下关系式:
$$|x|\leqslant|z|,\quad |y|\leqslant|z|,\quad |z|\leqslant|x|+|y|,$$
$$z\bar{z}=|z|^2=|z^2|=x^2+y^2.$$

当 $z\neq 0$ 时,以正实轴为始边,以复数 z 所对应的向量 $\overrightarrow{OP}$ 为终边的角称为复数 z 的**辐角**(图 1.3),记作 $\mathrm{Arg}z$. 并规定逆时针方向为正,顺时针方向为负.

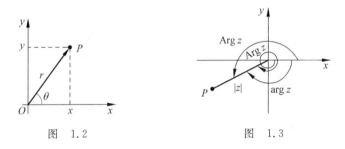

图 1.2　　　　　　图 1.3

显然,一个非零复数 z 有无穷多个辐角,且任意两个值相差 2π 的整数倍. 而把落在 $(-\pi,\pi]$ 区间的那个特定辐角称为 $\mathrm{Arg}z$ 的**主值**,或称为 z 的**主辐角**,记作 $\mathrm{arg}z$. 即 $-\pi<\mathrm{arg}z\leqslant\pi$,且
$$\mathrm{Arg}z=\mathrm{arg}z+2k\pi,\quad k=0,\pm 1,\pm 2,\cdots.$$
当 $z\neq 0$ 时,复数有唯一的模和辐角主值,$\mathrm{arg}z$ 与 $\arctan\dfrac{y}{x}$ 有如下关系(图 1.4):

$$\mathrm{arg}z=\begin{cases}\arctan\dfrac{y}{x},& x>0,y\in\mathbf{R}\\[4pt]\dfrac{\pi}{2},& x=0,y>0\\[4pt]\arctan\dfrac{y}{x}+\pi,& x<0,y>0.\\[4pt]\arctan\dfrac{y}{x}-\pi,& x<0,y<0\\[4pt]-\dfrac{\pi}{2},& x=0,y<0\end{cases}$$

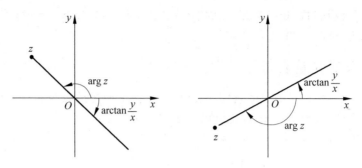

图 1.4

当 $z=0$ 时,规定 $|z|=0$,辐角无意义.

例 1 求下列复数的模与辐角：

(1) $-2\mathrm{i}$；　　　(2) $2-3\mathrm{i}$；　　　(3) $-1-\mathrm{i}$.

解 (1) $r=2$. 由于 $-2\mathrm{i}$ 在 y 轴负半轴上,所以

$$\arg(-2\mathrm{i})=-\frac{\pi}{2},\quad \mathrm{Arg}(-2\mathrm{i})=-\frac{\pi}{2}+2k\pi,\quad k=0,\pm 1,\pm 2,\cdots.$$

(2) $r=\sqrt{2^2+(-3)^2}=\sqrt{13}$. 由于 $2-3\mathrm{i}$ 位于第四象限,所以 $\arg(2-3\mathrm{i})=\arctan\dfrac{-3}{2}=-\arctan\dfrac{3}{2}$,

$$\mathrm{Arg}(2-3\mathrm{i})=\arg(2-3\mathrm{i})+2k\pi=-\arctan\frac{3}{2}+2k\pi,\quad k=0,\pm 1,\pm 2,\cdots.$$

(3) $r=\sqrt{(-1)^2+(-1)^2}=\sqrt{2}$. 由于 $-1-\mathrm{i}$ 位于第三象限,所以

$$\arg(-1-\mathrm{i})=\arctan\frac{-1}{-1}-\pi=\frac{\pi}{4}-\pi=-\frac{3\pi}{4},$$

$$\mathrm{Arg}(-1-\mathrm{i})=\arg(-1-\mathrm{i})+2k\pi=-\frac{3\pi}{4}+2k\pi,\quad k=0,\pm 1,\pm 2,\cdots.$$

1.2.3 复数的三角表示与指数表示

设 $z=x+\mathrm{i}y$ 为非零复数,r 为 z 的模,θ 为 z 的一辐角,则

$$\begin{cases} x=r\cos\theta \\ y=r\sin\theta \end{cases}.$$

于是复数 z 可表示成如下形式：

$$z=x+\mathrm{i}y=r\cos\theta+\mathrm{i}r\sin\theta=r(\cos\theta+\mathrm{i}\sin\theta),$$

即

$$z=r(\cos\theta+\mathrm{i}\sin\theta),\tag{1.1}$$

此式称为复数 z 的**三角表示式**.

又由欧拉(Euler)公式：$e^{i\theta}=\cos\theta+i\sin\theta$，(1.1)式可改写成
$$z = re^{i\theta}, \tag{1.2}$$
此式称为复数 z 的**指数表示式**.

复数的各种表示方法可相互转化，以适应讨论不同问题时的需要，且使用起来各有其便.

例 2 将下列复数化为三角表示式.

(1) $1-\sqrt{3}i$；　　　　　　　　(2) $\sin\dfrac{\pi}{10}+i\cos\dfrac{\pi}{10}$.

解 (1) 因为 $|1-\sqrt{3}i|=2$，$\arg(1-\sqrt{3}i)=\arctan\dfrac{-\sqrt{3}}{1}=-\dfrac{\pi}{3}$. 所以 $1-\sqrt{3}i$ 的三角表示式可写成
$$1-\sqrt{3}i = 2\left[\cos\left(-\dfrac{\pi}{3}\right)+i\sin\left(-\dfrac{\pi}{3}\right)\right].$$

(2) 因为 $|z|=1$，且
$$\sin\dfrac{\pi}{10} = \cos\left(\dfrac{\pi}{2}-\dfrac{\pi}{10}\right) = \cos\dfrac{2\pi}{5},$$
$$\cos\dfrac{\pi}{10} = \sin\left(\dfrac{\pi}{2}-\dfrac{\pi}{10}\right) = \sin\dfrac{2\pi}{5},$$
所以 $\sin\dfrac{\pi}{10}+i\cos\dfrac{\pi}{10}$ 的三角表示式可写成
$$\sin\dfrac{\pi}{10}+i\cos\dfrac{\pi}{10} = \cos\dfrac{2\pi}{5}+i\sin\dfrac{2\pi}{5}.$$

复数的向量表示使得许多关于复数的"量"有着清晰的"形"的表露. 例如：复数 z_1+z_2 所对应的向量，就是复数 z_1 所对应的向量与复数 z_2 所对应的向量的和向量(图 1.5)；复数 z_1-z_2 所对应的向量，就是从 z_2 到 z_1 的向量(图 1.6)，从而 $|z_1-z_2|$ 可看作是复平面上点 z_1 到点 z_2 的距离，这是一个很有用的结果. 由此可知，复平面上以 z_0 为中心，以 r 为半径的圆盘，可用不等式 $|z-z_0|<r$ 来表示.

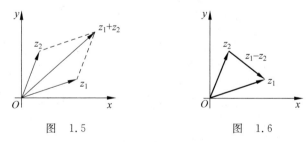

图 1.5　　　　　　　　图 1.6

根据图 1.5 与图 1.6，可得到有关复数模的三角不等式
$$||z_1|-|z_2|| \leqslant |z_1+z_2| \leqslant |z_1|+|z_2|;$$

$$||z_1|-|z_2||\leqslant|z_1-z_2|\leqslant|z_1|+|z_2|.$$

1.3 复数的乘幂与方根

1.3.1 复数的乘积与商

在 1.2 节中我们已经指出,复数的加、减法与向量的加、减法相一致,然而复数的乘法与向量的数量积和向量积都不相同. 不过,利用复数的三角表示可对复数的乘法与除法作出新的解释.

设 $z_1=r_1(\cos\theta_1+\mathrm{i}\sin\theta_1),z_2=r_2(\cos\theta_2+\mathrm{i}\sin\theta_2)$,则
$$\begin{aligned}z_1z_2&=r_1(\cos\theta_1+\mathrm{i}\sin\theta_1)r_2(\cos\theta_2+\mathrm{i}\sin\theta_2)\\&=r_1r_2[(\cos\theta_1\cos\theta_2-\sin\theta_1\sin\theta_2)+\mathrm{i}(\sin\theta_1\cos\theta_2+\cos\theta_1\sin\theta_2)]\\&=r_1r_2[\cos(\theta_1+\theta_2)+\mathrm{i}\sin(\theta_1+\theta_2)].\end{aligned}$$

于是,我们有如下定理.

定理 1.1 两个复数乘积的模等于各个复数模的乘积,两个复数乘积的辐角等于各个复数辐角的和. 即
$$|z_1z_2|=|z_1||z_2|, \tag{1.3}$$
$$\mathrm{Arg}(z_1z_2)=\mathrm{Arg}z_1+\mathrm{Arg}z_2. \tag{1.4}$$

关于定理 1.1 需注意以下几点:

(1) 要正确理解等式(1.4). 因为复数的辐角具有无穷多个,所以等式(1.4)表示左右两端可取值的全体是相同的,即对于 $\mathrm{Arg}z_1$ 的任意一个取定的值与 $\mathrm{Arg}z_2$ 的任意一个取定的值的和,必有 $\mathrm{Arg}(z_1z_2)$ 的某一个值与之相等. 反之亦然. 但在一般情况下,$\arg(z_1z_2)\neq\arg z_1+\arg z_2$. 例如,设 $z_1=\mathrm{i},z_2=-1$,则 $z_1z_2=-\mathrm{i}$,$\arg z_1=\dfrac{\pi}{2}$,$\arg z_2=\pi$,$\arg(z_1z_2)=-\dfrac{\pi}{2}$,显然 $\arg(z_1z_2)\neq\arg z_1+\arg z_2$.

(2) 定理 1.1 给出了复数乘法的几何意义:相当于一次旋转,一次伸缩. 例如,向量 z_1z_2 可看作是先将向量 z_1 绕逆时针旋转 $\mathrm{Arg}z_2$,再伸长(缩短) $|z_2|$ 倍而得到,如图 1.7 所示. 特别地,当 $|z_2|=1$ 时,相当于仅是旋转;当 $\arg z_2=0$ 时,相当于仅是伸长(缩短). 例如:$-\mathrm{i}z$ 相当于将 z 顺时针旋转 $\dfrac{\pi}{2}$,$-z$ 相当于将 z 逆时针旋转 π,$2z$ 相当于将 z 伸长 2 倍.

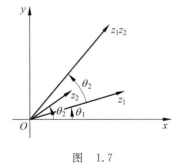

图 1.7

(3) 定理 1.1 可推广到 n 个复数相乘的情况,设
$$z_k=r_k(\cos\theta_k+\mathrm{i}\sin\theta_k),\quad k=1,2,\cdots,n,$$

则
$$z_1 z_2 \cdots z_n = r_1 r_2 \cdots r_n [(\cos(\theta_1 + \theta_2 + \cdots + \theta_n) + i\sin(\theta_1 + \theta_2 + \cdots + \theta_n)].$$

例 1 用三角表示计算 $(1+\sqrt{3}i)(-\sqrt{3}-i)$.

解 因为
$$1+\sqrt{3}i = 2\left(\cos\frac{\pi}{3} + i\sin\frac{\pi}{3}\right),$$
$$-\sqrt{3}-i = 2\left[\cos\left(-\frac{5\pi}{6}\right) + i\sin\left(-\frac{5\pi}{6}\right)\right].$$

所以
$$(1+\sqrt{3}i)(-\sqrt{3}-i) = 4\left[\cos\left(\frac{\pi}{3}-\frac{5\pi}{6}\right) + i\sin\left(\frac{\pi}{3}-\frac{5\pi}{6}\right)\right]$$
$$= 4\left[\cos\left(-\frac{\pi}{2}\right) + i\sin\left(-\frac{\pi}{2}\right)\right] = -4i.$$

例 2 已知正三角形的两个顶点为 $z_1 = 1$ 与 $z_2 = 2+i$,求它的另一个顶点.

解 如图 1.8 所示,将 $z_2 - z_1$ 所表示的向量绕逆时针(或顺时针)方向旋转 $\frac{\pi}{3}$ 后得到另一个向量 $z_3 - z_1$(或 $z_3' - z_1$),它的终点 z_3(或 z_3')即为所求的顶点. 因此,根据复数乘法的几何意义,有

$$z_3 - z_1 = \left(\cos\frac{\pi}{3} + i\sin\frac{\pi}{3}\right)(z_2 - z_1)$$
$$= \left(\frac{1}{2} + \frac{\sqrt{3}}{2}i\right)(1+i)$$
$$= \frac{1-\sqrt{3}}{2} + \frac{1+\sqrt{3}}{2}i.$$

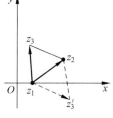

图 1.8

所以
$$z_3 = z_1 + \frac{1-\sqrt{3}}{2} + \frac{1+\sqrt{3}}{2}i = 1 + \frac{1-\sqrt{3}}{2} + \frac{1+\sqrt{3}}{2}i = \frac{3-\sqrt{3}}{2} + \frac{1+\sqrt{3}}{2}i.$$

同理可得
$$z_3' = \frac{3+\sqrt{3}}{2} + \frac{1-\sqrt{3}}{2}i.$$

下面来看看复数商的情况. 根据复数商的定义,当 $z_1 \neq 0$ 时,有
$$z_2 = \frac{z_2}{z_1} z_1,$$

于是
$$|z_2| = \left|\frac{z_2}{z_1} z_1\right| = \left|\frac{z_2}{z_1}\right| |z_1|, \quad \text{Arg} z_2 = \text{Arg}\left(\frac{z_2}{z_1}\right) + \text{Arg} z_1.$$

从而得

$$\left|\frac{z_2}{z_1}\right| = \frac{|z_2|}{|z_1|}, \quad \mathrm{Arg}\left(\frac{z_2}{z_1}\right) = \mathrm{Arg}z_2 - \mathrm{Arg}z_1.$$

因此,如下定理成立:

定理 1.2 两个复数商的模等于各个复数模的商,两个复数商的辐角等于各个复数辐角的差.

设 $z_1 = r_1(\cos\theta_1 + \mathrm{i}\sin\theta_1) \neq 0$,$z_2 = r_2(\cos\theta_2 + \mathrm{i}\sin\theta_2)$,则

$$\frac{z_2}{z_1} = \frac{r_2}{r_1}\left[(\cos(\theta_2 - \theta_1) + \mathrm{i}\sin(\theta_2 - \theta_1)\right].$$

例 3 设 $z = r(\cos\theta + \mathrm{i}\sin\theta)$,求 $\frac{1}{z}$ 的三角表示式.

解 $\frac{1}{z} = \frac{\cos 0 + \mathrm{i}\sin 0}{r(\cos\theta + \mathrm{i}\sin\theta)} = \frac{1}{r}[\cos(-\theta) + \mathrm{i}\sin(-\theta)].$

1.3.2 复数的乘幂与方根

定义 1.1 n 个相同复数 z 的乘积称为复数 z 的 **n 次幂**,记作 z^n.

设 $z = r(\cos\theta + \mathrm{i}\sin\theta)$,则

$$z^n = [r(\cos\theta + \mathrm{i}\sin\theta)]^n = r^n(\cos n\theta + \mathrm{i}\sin n\theta). \tag{1.5}$$

特别地,当 $r = 1$,即 $z = \cos\theta + \mathrm{i}\sin\theta$ 时,则

$$z^n = (\cos\theta + \mathrm{i}\sin\theta)^n = \cos n\theta + \mathrm{i}\sin n\theta. \tag{1.6}$$

这就是**棣莫弗(De Moivre)公式**.

若定义 $z^{-n} = \frac{1}{z^n}$,则由定理 1.2 和公式(1.5)有

$$z^{-n} = \frac{1}{z^n} = \frac{\cos 0 + \mathrm{i}\sin 0}{r^n(\cos n\theta + \mathrm{i}\sin n\theta)} = r^{-n}[\cos(-n\theta) + \mathrm{i}\sin(-n\theta)].$$

即公式(1.5)对任意的整数 n 都成立.

定义 1.2 称满足方程 $\omega^n = z$ 的所有 ω 为 z 的 **n 次方根**,记作

$$\omega = \sqrt[n]{z}.$$

设 $z = r(\cos\theta + \mathrm{i}\sin\theta)$,$\omega = \rho(\cos\varphi + \mathrm{i}\sin\varphi)$,则

$$\rho^n(\cos n\varphi + \mathrm{i}\sin n\varphi) = r(\cos\theta + \mathrm{i}\sin\theta),$$

于是

$$\rho^n = r, \quad n\varphi = \theta + 2k\pi, \quad k = 0, \pm 1, \pm 2, \cdots.$$

从而

$$\rho = \sqrt[n]{r}, \quad \varphi = \frac{\theta + 2k\pi}{n}.$$

所以

$$\omega = \sqrt[n]{z} = \sqrt[n]{r}\left(\cos\frac{\theta + 2k\pi}{n} + \mathrm{i}\sin\frac{\theta + 2k\pi}{n}\right), \quad k = 0, \pm 1, \pm 2, \cdots.$$

当 $k=0,1,2,\cdots,n-1$ 时,上式得到 n 个互不相同的根. 当 k 取其他整数时,这些根将重复出现. 例如 $k=n$ 时,

$$\omega_n = \sqrt[n]{r}\left(\cos\frac{\theta+2n\pi}{n} + \mathrm{i}\sin\frac{\theta+2n\pi}{n}\right) = \sqrt[n]{r}\left[\cos\left(\frac{\theta}{n}+2\pi\right) + \mathrm{i}\sin\left(\frac{\theta}{n}+2\pi\right)\right]$$

$$= \sqrt[n]{r}\left(\cos\frac{\theta}{n} + \mathrm{i}\sin\frac{\theta}{n}\right) = \omega_0.$$

因此,对非零复数 z 开 n 次方根有且仅有 n 个不同的根,即

$$\omega_k = \sqrt[n]{z} = \sqrt[n]{r(\cos\theta + \mathrm{i}\sin\theta)}$$

$$= \sqrt[n]{r}\left(\cos\frac{\theta+2k\pi}{n} + \mathrm{i}\sin\frac{\theta+2k\pi}{n}\right), \quad k=0,1,2,\cdots,n-1. \quad (1.7)$$

在几何上,这 n 个根是以原点为圆心,$\sqrt[n]{r}$ 为半径的圆的内接正 n 边形的 n 个顶点,其中一个顶点的辐角等于 $\frac{\theta}{n}$.

例 4 计算 $(1+\sqrt{3}\mathrm{i})^3$.

解 $(1+\sqrt{3}\mathrm{i})^3 = \left[2\left(\cos\frac{\pi}{3} + \mathrm{i}\sin\frac{\pi}{3}\right)\right]^3 = 8(\cos\pi + \mathrm{i}\sin\pi) = -8.$

例 5 计算 $\sqrt[4]{-2+2\mathrm{i}}$.

解 因为 $-2+2\mathrm{i} = \sqrt{8}\left[\cos\left(\frac{3}{4}\pi\right) + \mathrm{i}\sin\left(\frac{3}{4}\pi\right)\right]$,所以

$$\omega_k = \sqrt[4]{-2+2\mathrm{i}} = \sqrt[4]{\sqrt{8}\left[\cos\left(\frac{3}{4}\pi\right) + \mathrm{i}\sin\left(\frac{3}{4}\pi\right)\right]}$$

$$= \sqrt[8]{8}\left(\cos\frac{\frac{3}{4}\pi+2k\pi}{4} + \mathrm{i}\sin\frac{\frac{3}{4}\pi+2k\pi}{4}\right)$$

$$= \sqrt[8]{8}\left(\cos\frac{3\pi+8k\pi}{16} + \mathrm{i}\sin\frac{3\pi+8k\pi}{16}\right), \quad k=0,1,2,3,$$

即

$$\omega_0 = \sqrt[8]{8}\left(\cos\frac{3\pi}{16} + \mathrm{i}\sin\frac{3\pi}{16}\right),$$

$$\omega_1 = \sqrt[8]{8}\left(\cos\frac{11\pi}{16} + \mathrm{i}\sin\frac{11\pi}{16}\right),$$

$$\omega_2 = \sqrt[8]{8}\left(\cos\frac{19\pi}{16} + \mathrm{i}\sin\frac{19\pi}{16}\right),$$

$$\omega_3 = \sqrt[8]{8}\left(\cos\frac{27\pi}{16} + \mathrm{i}\sin\frac{27\pi}{16}\right).$$

这四个根是以原点为圆心,$\sqrt[8]{8}$ 为半径的圆的内接正四边形的四个顶点,ω_0 的辐角主值为 $\frac{3\pi}{16}$.

1.4 平面点集的一般概念

1.4.1 平面点集

平面上以 z_0 为圆心，δ（任意的正数）为半径的圆的内部称为 z_0 的 **δ 邻域**，记作 $U(z_0,\delta)$，即

$$U(z_0,\delta) = \{z \mid |z-z_0| < \delta\}.$$

而由不等式 $0 < |z-z_0| < \delta$ 所确定的平面点集称为 z_0 的**去心 δ 邻域**，记作 $\overset{\circ}{U}(z_0,\delta)$，即

$$\overset{\circ}{U}(z_0,\delta) = \{z \mid 0 < |z-z_0| < \delta\}.$$

设 D 为复平面内的一个点集，z 为复平面内任意一点，则 z 与平面点集 D 必然满足以下三种关系之一.

(1) **内点**：如果存在 z 的某个邻域 $U(z)$，使得 $U(z) \subset D$，则称 z 为 D 的内点. （如图 1.9 中的 z_1 点）

(2) **外点**：如果存在 z 的某个邻域 $U(z)$，使得 $U(z) \cap D = \varnothing$，则称 z 为 D 的外点. （如图 1.9 中的 z_2 点）

(3) **边界点**：如果 z 的任意一个邻域既含有属于 D 的点，又含有不属于 D 的点，则称 z 为 D 的边界点（如图 1.9 中的 z_3 点）. D 的所有边界点组成 D 的边界.

下面我们定义复平面内的一些常用的平面点集.

开集：如果点集 D 的每一个点都是它的内点，则称 D 为开集.

连通集：如果点集 D 内任意两点都可以用完全属于 D 的一条折线连接起来，则称 D 为连通集，如图 1.10 所示.

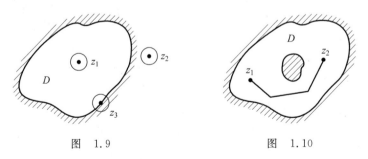

图 1.9　　　　　　　图 1.10

区域：连通的开集称为区域或开区域.

闭区域：区域与它的边界一起构成的点集称为闭区域，记作 $\overline{D}$.

有界集：对区域 D，如果存在正数 M，使区域 D 内的每个点都满足 $|z| < M$，则称 D 为有界集. 否则称为无界集.

例如,圆环域：$1<|z|<4$ 是一个有界集；角形域：$0<\arg z<\dfrac{\pi}{4}$ 是一个无界集；点集：$|z+\bar{z}|>2$ 即为 $\{(x,y)||x|>1\}$ 不连通,所以不是区域.

1.4.2 平面曲线

我们知道,如果 $x(t)$ 和 $y(t)$ 是区间 $[a,b]$ 上的连续函数,则参数方程
$$\begin{cases} x = x(t) \\ y = y(t) \end{cases}, \quad (a \leqslant t \leqslant b)$$
表示平面内的一条连续曲线. 如果令
$$z(t) = x(t) + \mathrm{i}y(t),$$
则该连续曲线又可表示为
$$z = z(t) = x(t) + \mathrm{i}y(t), \quad a \leqslant t \leqslant b.$$
上式称为平面曲线的**复参数方程**.

例如,通过点 $z_1 = x_1 + \mathrm{i}y_1$ 与 $z_2 = x_2 + \mathrm{i}y_2$ 的直线的复参数方程为
$$z = z(t) = z_1 + t(z_2 - z_1), \quad -\infty < t < \infty.$$

除了参数表示外,通常还可以用动点 z 所满足的关系式来表示复平面上的曲线. 例如,以原点为圆心,R 为半径的圆周,表示为 $|z| = R$.

定义 1.3 设曲线 C：$z = z(t) = x(t) + \mathrm{i}y(t)(a \leqslant t \leqslant b)$, 如果在区间 $a \leqslant t \leqslant b$ 上 $x'(t)$ 和 $y'(t)$ 都连续,且
$$[x'(t)]^2 + [y'(t)]^2 \neq 0,$$
则称曲线 C 为**光滑曲线**. 由几段依次相接的光滑曲线所组成的曲线称为**分段光滑曲线**.

设曲线 C：$z = z(t) = x(t) + \mathrm{i}y(t)(a \leqslant t \leqslant b)$ 为连续曲线,参数 a,b 分别对应曲线 C 的起点与终点. 对于满足 $a < t_1 < b, a \leqslant t_2 \leqslant b$ 的 t_1 与 t_2, 当 $t_1 \neq t_2$ 而有 $z(t_1) = z(t_2)$ 时,则称点 $z(t_1)$ 为曲线 C 的**重点**.

定义 1.4 没有重点的连续曲线称为**简单曲线**或**若尔当曲线**. 如果简单曲线 C 的起点与终点重合,即 $z(a) = z(b)$, 则称曲线 C 为**简单闭曲线**.

任意一条简单闭曲线 C 将整个复平面分成三个互不相交的点集,其中除去 C 以外,一个是有界区域,称为 C 的内部,另一个是无界区域,称为 C 的外部,C 为它们的公共边界.

定义 1.5 设 D 为复平面上的一个区域,如果在 D 中任作一条简单闭曲线 C, 而曲线 C 的内部总属于 D, 则称区域 D 为**单连通域**,否则称为**多连通域**.

任意一条简单闭曲线 C 的内部都是单连通域,如图 1.11(a)所示. 单连通域 D 具有这样的特性：属于 D 的任何一条简单闭曲线,在 D 内都可以经过连续变形而缩成一点,而多连通域无此性质. 从图形上,任何含有洞(包含点洞)或割痕的区域都是多

连通域,如图 1.11(b)所示.

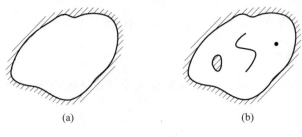

图 1.11

1.5 复变函数的概念、极限与连续性

1.5.1 复变函数的定义

定义 1.6 设 G 是一个复数 $z=x+yi$ 的集合. 如存在某个确定的对应法则 f,使得对于集合 G 中的每一个复数 z,有确定的(一个或几个)复数 $\omega=u+iv$ 与之对应,则称复数 ω 是复数 z 的**函数**(简称**复变函数**),记作
$$\omega = f(z).$$
其中 G 称为函数 $f(z)$ 的**定义域**,全体函数值 ω 所构成的集合 G^* 称为函数 $f(z)$ 的**值域**,记为 $f(G)$.

如果对 G 中的每一个复数 z,有唯一的 ω 与之对应,则称 $\omega=f(z)$ 为单值函数;如果存在 G 中的某个复数 z,有两个或两个以上的 ω 与之对应,则称 $\omega=f(z)$ 为多值函数. 例如,$\omega=|z|$,$\omega=z^n$ 为 z 的单值函数,而 $\omega=\sqrt[n]{z}$ 为 z 的多值函数. 今后如无特别说明,所提到的函数均指单值函数.

设 $\omega=f(z)$ 为定义在 G 上的一个函数,如令 $z=x+yi$,$\omega=u+iv$,则 u,v 皆随 x,y 而确定,因而 $\omega=f(z)$ 又常写成
$$\omega = u(x,y) + iv(x,y),$$
其中 $u(x,y),v(x,y)$ 为 x,y 的二元实函数. 即一个复变函数 $\omega=f(z)$ 相当于两个二元实函数 $u=u(x,y)$ 与 $v=v(x,y)$,从而对复变函数 $\omega=f(z)$ 的讨论可相应地转化为对两个二元实函数 $u(x,y)$ 和 $v(x,y)$ 的讨论.

例 1 求 $\omega=z^2-1$ 所对应的两个二元实函数.

解 设 $z=x+yi$,$\omega=u+iv$,则
$$\omega = u + iv = (x+yi)^2 - 1 = x^2 - y^2 - 1 + 2xyi,$$
于是
$$u = x^2 - y^2 - 1, \quad v = 2xy.$$

在高等数学中,我们常把一元函数和二元函数用其几何图形来表示,这些几何图形,可以直观地帮助我们理解和研究函数的性质. 同样,我们也希望将复变函数用几何图形表示出来. 但是,一个复变函数相当于两个二元实函数 $u=u(x,y)$ 与 $v=v(x,y)$,涉及四个变量,无法在同一个坐标平面上表示. 为此,我们仅将复变函数看成两个复平面上的点集之间的对应关系.

如果用 z 平面上的点表示自变量 z 的值,而用另一个复平面——ω 平面上的点表示函数 ω 的值. 那么函数 $\omega=f(z)$ 在几何上就可看作是 z 平面上的点集 G(定义域)到 ω 平面上的点集 G^*(值域)的一个映射. 如果 G 中的点 z 被映射 $\omega=f(z)$ 映射成 G^* 中的点 ω,则称 ω 为 z 的**像**,而 z 称为 ω 的**原像**,如图 1.12 所示.

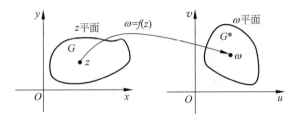

图　1.12

例如,函数 $\omega=\bar{z}$ 将 z 平面上的点 $z=a+bi$ 映射成 ω 平面上的点 $\omega=a-bi$. $\omega=z^2$ 将 z 平面上的区域 $0<\arg z<\dfrac{\pi}{2}$ 映射成 ω 平面上的区域 $0<\arg z<\pi$.

例 2　求双曲线 $x^2-y^2=1$ 在 $\omega=z^2$ 下像的图形.

解　设 $z=x+yi, \omega=u+iv$,则
$$\omega=u+iv=(x+yi)^2=x^2-y^2+2xyi,$$
于是
$$u=x^2-y^2, \quad v=2xy.$$
所以双曲线 $x^2-y^2=1$ 在 $\omega=z^2$ 下的像为 ω 平面上的直线 $u=1$(图 1.13).

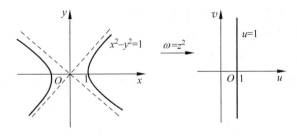

图　1.13

与实变函数一样,复变函数也有反函数的概念. 设函数 $\omega=f(z)$ 的定义域为 z 平

面上的点集 G,值域为 ω 平面上的点集 G^*,则对 G^* 中的任意一点 ω,在 G 中存在确定的(一个或多个)点 z 与之对应.按照函数的定义,在 G^* 上就确定了一个函数 $z=\varphi(\omega)$,它称为函数 $\omega=f(z)$ 的反函数,记作 $\omega=f^{-1}(z)$.

1.5.2 复变函数的极限

定义 1.7 设函数 $\omega=f(z)$ 定义在 z_0 的去心邻域 $0<|z-z_0|<r$ 内.如果存在一个确定的常数 A,对于任意给定的 $\varepsilon>0$,总存在一个正数 $\delta(0<\delta<r)$,使得当 $0<|z-z_0|<\delta$ 时,都有
$$|f(z)-A|<\varepsilon,$$
则称常数 A 为 $f(z)$ 当 z 趋于 z_0 时的**极限**,记作
$$\lim_{z\to z_0}f(z)=A \quad 或 \quad f(z)\to A(z\to z_0).$$

其几何意义是:对确定的数 A 的任意一个 ε 邻域 $U(A,\varepsilon)$,总存在 z_0 的充分小的去心 δ 邻域 $\overset{\circ}{U}(z_0,\delta)$,使得当点 z 一旦进入 $\overset{\circ}{U}(z_0,\delta)$ 时,它的像 $f(z)$ 一定落在 $U(A,\varepsilon)$ 内(图 1.14).

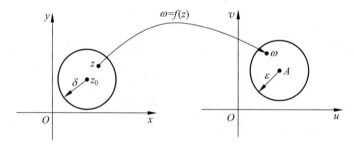

图 1.14

复变函数极限的定义与一元实函数极限的定义在形式上完全一致,但复变函数极限的定义比一元实函数极限的定义的要求要苛刻得多.在一元实函数中,x 只可能从 x_0 的左侧或右侧趋于 x_0,而在复变函数中,z 趋于 z_0 的方式是任意的.即无论 z 沿什么方向,以何种方式趋于 z_0,$f(z)$ 都要趋于同一个常数 A.

关于极限的计算,有如下两个定理.

定理 1.3 设 $f(z)=u(x,y)+\mathrm{i}v(x,y)$,$A=u_0+\mathrm{i}v_0$,$z_0=x_0+\mathrm{i}y_0$,则 $\lim\limits_{z\to z_0}f(z)=A$ 的充要条件是
$$\lim_{(x,y)\to(x_0,y_0)}u(x,y)=u_0, \quad \lim_{(x,y)\to(x_0,y_0)}v(x,y)=v_0.$$

证明 必要性 如果 $\lim\limits_{z\to z_0}f(z)=A$,则根据极限的定义,对 $\forall\varepsilon>0$,$\exists\delta>0$,当
$$0<|z-z_0|=|(x+\mathrm{i}y)-(x_0+\mathrm{i}y_0)|=\sqrt{(x-x_0)^2+(y-y_0)^2}<\delta$$

时,有
$$|f(z)-A|=|(u+\mathrm{i}v)-(u_0+\mathrm{i}v_0)|=|(u-u_0)+(v-v_0)\mathrm{i}|<\varepsilon.$$
显然
$$|u-u_0|\leqslant|(u-u_0)+(v-v_0)\mathrm{i}|<\varepsilon,$$
$$|v-v_0|\leqslant|(u-u_0)+(v-v_0)\mathrm{i}|<\varepsilon.$$

因此,对 $\forall \varepsilon>0$,$\exists \delta>0$,当 $0<\sqrt{(x-x_0)^2+(y-y_0)^2}<\delta$ 时,有
$$|u-u_0|<\varepsilon,\quad |v-v_0|<\varepsilon.$$
即
$$\lim_{(x,y)\to(x_0,y_0)}u(x,y)=u_0,\quad \lim_{(x,y)\to(x_0,y_0)}v(x,y)=v_0.$$

充分性 因为 $\lim\limits_{(x,y)\to(x_0,y_0)}u(x,y)=u_0$,$\lim\limits_{(x,y)\to(x_0,y_0)}v(x,y)=v_0$,所以,对 $\forall \varepsilon>0$,$\exists \delta>0$,当 $0<\sqrt{(x-x_0)^2+(y-y_0)^2}<\delta$ 时,有
$$|u-u_0|<\frac{\varepsilon}{2},\quad |v-v_0|<\frac{\varepsilon}{2}.$$

于是
$$|f(z)-A|=|(u-u_0)+(v-v_0)\mathrm{i}|<|u-u_0|+|v-v_0|<\frac{\varepsilon}{2}+\frac{\varepsilon}{2}=\varepsilon.$$

即对 $\forall \varepsilon>0$,$\exists \delta>0$,当 $0<|z-z_0|=\sqrt{(x-x_0)^2+(y-y_0)^2}<\delta$ 时,有
$$|f(z)-A|<\varepsilon.$$

故 $\lim\limits_{z\to z_0}f(z)=A.$

定理 1.3 将复变函数 $f(z)=u(x,y)+\mathrm{i}v(x,y)$ 的极限问题转化为二元实函数 $u=u(x,y)$ 与 $v=v(x,y)$ 的极限问题。

定理 1.4(极限的四则运算法则) 如果 $\lim\limits_{z\to z_0}f(z)=A$,$\lim\limits_{z\to z_0}g(z)=B$,则

(1) $\lim\limits_{z\to z_0}[f(z)\pm g(z)]=A\pm B$;

(2) $\lim\limits_{z\to z_0}f(z)\cdot g(z)=AB$;

(3) $\lim\limits_{z\to z_0}\dfrac{f(z)}{g(z)}=\dfrac{A}{B}(B\neq 0).$

例 3 判断下列函数在 $z=0$ 处的极限是否存在,如存在,试求出极限.

(1) $f(z)=\dfrac{z\mathrm{Re}(z)}{|z|}$; (2) $f(z)=\dfrac{\bar{z}}{z}.$

解 (1) 设 $z=x+\mathrm{i}y$,则
$$f(z)=\frac{z\mathrm{Re}(z)}{|z|}=\frac{(x+\mathrm{i}y)x}{\sqrt{x^2+y^2}}=\frac{x^2}{\sqrt{x^2+y^2}}+\mathrm{i}\frac{xy}{\sqrt{x^2+y^2}},$$
令

$$u(x,y) = \frac{x^2}{\sqrt{x^2+y^2}}, \quad v(x,y) = \frac{xy}{\sqrt{x^2+y^2}},$$

则

$$\lim_{(x,y)\to(0,0)} u(x,y) = \lim_{(x,y)\to(0,0)} \frac{x^2}{\sqrt{x^2+y^2}} = 0,$$

$$\lim_{(x,y)\to(0,0)} v(x,y) = \lim_{(x,y)\to(0,0)} \frac{xy}{\sqrt{x^2+y^2}} = 0,$$

于是

$$\lim_{z\to 0} f(z) = \lim_{z\to 0} \frac{z\mathrm{Re}(z)}{|z|} = 0.$$

(2) 设 $z = x + y\mathrm{i}$，则

$$f(z) = \frac{\bar{z}}{z} = \frac{x-y\mathrm{i}}{x+y\mathrm{i}} = \frac{x^2-y^2}{x^2+y^2} - \frac{2xy}{x^2+y^2}\mathrm{i},$$

令

$$u(x,y) = \frac{x^2-y^2}{x^2+y^2}, \quad v(x,y) = -\frac{2xy}{x^2+y^2},$$

又

$$\lim_{\substack{y=kx \\ x\to 0}} u(x,y) = \lim_{\substack{y=kx \\ x\to 0}} \frac{x^2-y^2}{x^2+y^2} = \lim_{\substack{y=kx \\ x\to 0}} \frac{x^2-k^2x^2}{x^2+k^2x^2} = \frac{1-k^2}{1+k^2},$$

与 k 的值有关, 所以 $u(x,y) = \frac{x^2-y^2}{x^2+y^2}$ 在 $(x,y)\to(0,0)$ 的极限不存在, 故 $\lim_{z\to 0}\frac{\bar{z}}{z}$ 不存在.

1.5.3 复变函数的连续性

定义 1.8 如果 $\lim_{z\to z_0} f(z) = f(z_0)$, 则称函数 $f(z)$ **在 $z = z_0$ 处连续**. 如果 $f(z)$ 在区域 D 内处处连续, 则称 $f(z)$ **在区域 D 内连续**.

根据上述定义与定理 1.3, 我们可以推得如下定理:

定理 1.5 函数 $f(z) = u(x,y) + \mathrm{i}v(x,y)$ 在 $z_0 = x_0 + \mathrm{i}y_0$ 处连续的充要条件是 $u(x,y)$ 和 $v(x,y)$ 在 (x_0, y_0) 处连续.

定理 1.6 (1) 如果函数 $f(z)$ 与 $g(z)$ 在 z_0 连续, 则 $f(z)$ 与 $g(z)$ 的和、差、积、商 (分母不为 0) 在 z_0 连续.

(2) 如果函数 $h = g(z)$ 在 z_0 连续, 函数 $\omega = f(h)$ 在 $h_0 = g(z_0)$ 连续, 则复合函数 $\omega = f[g(z)]$ 在 z_0 连续.

由上述定理, 我们可得到以下结论:

(1) 多项式函数

$$P(z) = a_0 + a_1 z + \cdots + a_n z^n$$

在复平面内处处连续.

(2) 有理分式函数
$$R(z) = \frac{P(z)}{Q(z)} = \frac{a_0 + a_1 z + \cdots + a_n z^n}{b_0 + b_1 z + \cdots + b_m z^m}$$
在复平面内除分母为零的点外处处连续.

例 4 求 $\lim\limits_{z \to i} \dfrac{z-i}{z(z^2+1)}$ 的值.

解 $\lim\limits_{z \to i} \dfrac{z-i}{z(z^2+1)} = \lim\limits_{z \to i} \dfrac{z-i}{z(z-i)(z+i)} = \lim\limits_{z \to i} \dfrac{1}{z(z+i)} = \dfrac{1}{i(i+i)} = -\dfrac{1}{2}.$

例 5 证明 $\arg z$ 在原点及负实轴上不连续.

证明 当 $z=0$ 时,$\arg z$ 无意义,所以 $\arg z$ 在 $z=0$ 处不连续.

当 z_0 为负实轴上任意一点时,
$$\lim\limits_{\substack{z \to z_0 \\ y \to 0^+}} \arg z = \pi, \quad \lim\limits_{\substack{z \to z_0 \\ y \to 0^-}} \arg z = -\pi.$$

所以 $\arg z$ 在负实轴上不连续.

1.6 复球面与无穷远点

复数的几何表示除了用复平面上的点或向量表示外,还可用球面上的点来表示. 下面我们介绍这种表示方法.

取一个与复平面切于原点 $z=0$ 的球面,球面上的一点 S 与原点重合(图 1.15). 过点 S 作垂直于复平面的直线与球面相交于另一点 N. 我们称 N 为北极,S 为南极. 在复平面上任取一点 z,连接点 z 和北极 N,则该直线段与球面交于异于 N 的一点 P. 换句话说:复平面上任意一点 z,都可在球面上找到一点 P 与之对应. 反之,在球面上任取异于 N 的一点 P,连接点 N 和点 P,其延长线与复平面交于一点 z. 即在球面上除北极 N 之外的任意一点 P,都可在复平面上找到一点 z 与之对应. 这样,球面上的点,除了北极 N 之外,与复平面上的点之间存在一一对应关系. 而复平面上的点与复数一一对应,因此,除了北极 N 之外,球面上的点与复数一一对应. 所以,我们可用球面上的点表示复数.

但是,对于球面上的北极 N,还没有一个复数与之对应. 假设 C 为复平面上以原点为圆心的圆周,则在球面上有一个圆周 Γ 与之对应(图 1.15). 当圆周 C 的半径无限增大时,圆周 Γ 就无限趋于北极 N. 因此,北极 N 可看作与复平面上的一个模为无穷大的假想点相对应,我们称这个假想点为**无穷远点**,并记为 ∞. 复平面加上无穷远点 ∞ 后称为**扩充复平面**,这样一来,球面上的点与扩充复平面的点就建立起一一对应关系,这样的球面称为**复球面**.

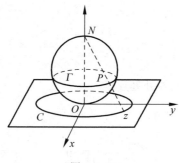

图 1.15

关于扩充复平面需注意以下几点规定:

(1) ∞ 的实部、虚部及辐角均无意义,它的模规定为 $+\infty$,即 $|\infty|=+\infty$.

(2) ∞ 的四则运算做如下规定:

加法 $a+\infty=\infty+a=\infty$ $(a\neq\infty)$,

减法 $a-\infty=\infty-a=\infty$ $(a\neq\infty)$,

乘法 $a\cdot\infty=\infty\cdot a=\infty$ $(a\neq 0)$,

除法 $\dfrac{a}{\infty}=0,\dfrac{\infty}{a}=\infty(a\neq\infty),\dfrac{a}{0}=\infty(a\neq 0)$.

(3) $\infty\pm\infty,0\cdot\infty,\dfrac{\infty}{\infty},\dfrac{0}{0}$ 无意义.

(4) 复平面上每一点都通过点 ∞.

(5) 在实变函数中,$+\infty$ 与 $-\infty$ 是有区别的,但在复变函数中 ∞ 是没有符号的.

小结

本章的主要内容是复数的概念、复数运算及其表示,复变函数的概念及其极限、连续等内容,其要点如下:

1. 必须熟练地掌握用复数的三角表示式和指数表示式进行复数运算的技能. 要正确理解辐角的多值性,掌握由给定非零复数 z 在复平面的位置确定辐角主值 $\mathrm{arg}z$ 的方法.

2. 由于复数可以用平面上的点与向量来表示,因此我们能用复数形式的方程(或不等式)表示一些平面图形,解决有关的许多几何问题. 例如,向量的旋转就可以用该向量所表示的复数乘上一个模为 1 的复数去实现.

3. 为了用球面上的点来表示复数,引入了无穷远点和扩充复平面的概念. 无穷远点 ∞ 是指模为正无穷大(辐角无意义)的唯一的一个复数,不要与实数中的无穷大或正、负无穷大混为一谈.

4. 复变函数及其极限、连续等概念是高等数学中相应概念的推广. 它们既有相似点, 又有不同之处; 既有联系, 又有区别. 读者在学习中应当善于比较, 深刻理解, 绝不可忽视.

(1) 平面曲线(特别是简单闭曲线、光滑或按段光滑曲线)和平面区域(包括单连通域与多连通域)是复变函数理论的几何基础, 读者应当熟悉这些概念. 会用复数表达式表示一些常见平面曲线与区域, 或者根据给定的表达式画出它所表示的平面曲线或区域, 这在今后的学习中是非常重要的.

(2) 复变函数的定义与一元实变函数的定义完全一样, 只要将后者定义中的"实数"换为"复数"就行了. 将一个复变函数 $\omega=f(z)$ 看成是从 z 平面上的点集 G(如点、线、区域等)变到 ω 平面上的点集 G^* 的一个映射, 使我们对所研究的问题直观化、几何化.

(3) 复变函数极限的定义与一元实变函数极限的定义虽然在形式上相似, 但实质上却有很大差异, 它较之后者的要求苛刻得多. 在讨论一元实变函数的极限 $\lim\limits_{x \to x_0} f(x)$ 时, $x \to x_0$ 是指 x 在 x_0 的邻域内从 x_0 的左右以任何方式趋于 x_0. 而在讨论复变函数的极限 $\lim\limits_{z \to z_0} f(z)$ 时, $z \to z_0$ 不仅可以从 z_0 的左右趋于 z_0, 而且可以从 z_0 的四面八方以任何方式趋于 z_0. 这正是复变函数与实变函数有许多不同点的原因所在. 例如, 在第 2 章将会看到, 复变函数可导性的要求较之实变函数高得多.

(4) 复变函数 $\omega=f(z)=u(x,y)+iv(x,y)$ 极限存在等价于它的实部 $u(x,y)$ 和虚部 $v(x,y)$ 同时极限存在; 复变函数 $\omega=f(z)=u(x,y)+iv(x,y)$ 连续等价于它的实部 $u(x,y)$ 和虚部 $v(x,y)$ 同时连续, 因此, 我们可以将研究复变函数的极限、连续等问题转化为研究两个二元实变函数 $u(x,y)$ 与 $v(x,y)$ 的相应问题, 从而能证明复变函数的极限、连续的许多基本性质和运算法则与实变函数相同.

习题一

1. 化简下列复数, 并求出它的实部、虚部、共轭复数、模和辐角主值.

(1) $\dfrac{i}{1-i}+\dfrac{1-i}{i}$; (2) $\dfrac{(1+4i)(2-5i)}{i}$;

(3) $i^{10}-6i^{15}+i$; (4) $\left(\dfrac{3-4i}{1+2i}\right)^2$.

2. 当 x, y 等于什么实数时, 等式 $\dfrac{x+1+i(y-3)}{5+3i}=1+i$ 成立?

3. 证明:

(1) $|z^2|=z\bar{z}$; (2) $\overline{z_1 \pm z_2}=\bar{z}_1 \pm \bar{z}_2$;

(3) $\overline{z_1 z_2} = \bar{z}_1 \bar{z}_2$; (4) $\overline{\left(\dfrac{z_1}{z_2}\right)} = \dfrac{\bar{z}_1}{\bar{z}_2}, z_2 \neq 0$.

4. 求下列复数的模与辐角主值.

(1) $\sqrt{3}+i$; (2) $-1-i$;

(3) $2-i$; (4) $-1+3i$.

5. 将下列复数化成三角表示式和指数表示式.

(1) $3i$; (2) -4;

(3) $-1+\sqrt{3}i$; (4) $\dfrac{2i}{-1+i}$;

(5) $1-\cos\varphi+i\sin\varphi(0\leqslant\varphi\leqslant\pi)$; (6) $\dfrac{(\cos\varphi-i\sin\varphi)^3}{(\cos 2\varphi+i\sin 2\varphi)^2}$.

6. 证明：$|z_1+z_2|^2+|z_1-z_2|^2=2(|z_1|^2+|z_2|^2)$，并说明其几何意义.

7. 如果复数 z_1, z_2, z_3 满足等式

$$\dfrac{z_2-z_1}{z_3-z_1} = \dfrac{z_1-z_3}{z_2-z_3},$$

证明：

$$|z_2-z_1| = |z_3-z_1| = |z_2-z_3|,$$

并说明这些等式的几何意义.

8. 求下列各式的值.

(1) $\left(\dfrac{1-\sqrt{3}i}{2}\right)^3$; (2) $(-1+i)^4$;

(3) $\sqrt[6]{1}$; (4) $\sqrt[4]{1+i}$.

9. 设 $z = e^{\frac{2\pi i}{n}}, n \geqslant 2$，证明：$1+z+z^2+\cdots+z^{n-1}=0$.

10. 指出下列各题中点 z 的轨迹或所在范围，并作图：

(1) $|z+2-i|=2$; (2) $|z-i|\geqslant 1$;

(3) $\text{Im}(z+2i)=-1$; (4) $|z+i|=|z-i|$;

(5) $|z+3|+|z+1|=4$; (6) $0<\arg z<\pi$.

11. 用复参数方程表示下列各曲线.

(1) 连接 $1+i$ 与 $-1-4i$ 的直线段；

(2) 圆周 $(x-2)^2+(y-1)^2=1$;

(3) 椭圆 $\dfrac{x^2}{a^2}+\dfrac{y^2}{b^2}=1$;

(4) 双曲线 $xy=1$.

12. 函数 $\omega=\dfrac{1}{z}$ 把下列 z 平面上的曲线映射成 ω 平面上怎样的曲线？

(1) $x^2+y^2=3$; (2) $y=x$;

(3) $x=2$； (4) $(x-1)^2+y^2=1$.

13. 求下列极限：

(1) $\lim\limits_{z\to i}\dfrac{\bar{z}-1}{z+2}$；

(2) $\lim\limits_{z\to 1}\dfrac{z\bar{z}+2z-\bar{z}-2}{z^2-1}$.

14. 证明：$\lim\limits_{z\to 0}\dfrac{\operatorname{Re}(z)}{z}$ 不存在.

15. 设函数 $f(z)$ 在 z_0 连续且 $f(z_0)\neq 0$，证明可找到 z_0 的小邻域，在这邻域内 $f(z_0)\neq 0$.

第 2 章 解析函数

解析函数是复变函数研究的主要对象,它是一类具有某种特性的可导函数.本章首先介绍复变函数导数的概念和基本求导法则,然后讨论解析函数,着重讲解判别函数解析的主要条件——柯西-黎曼条件.最后介绍一些常用的初等函数,并研究其性质.

2.1 解析函数的概念

2.1.1 复变函数的导数

1. 导数的定义

定义 2.1 设函数 $\omega=f(z)$ 在区域 D 内有定义,z_0 为 D 中的一点,$z_0+\Delta z$ 为区域 D 内任意一点,如果极限

$$\lim_{\Delta z \to 0} \frac{\Delta \omega}{\Delta z} = \lim_{\Delta z \to 0} \frac{f(z_0+\Delta z)-f(z_0)}{\Delta z}$$

存在,则称函数 $f(z)$ 在 z_0 处**可导**,这个极限值称为函数 $f(z)$ 在 z_0 处的**导数**,记为 $f'(z_0)$ 或 $\left.\dfrac{\mathrm{d}\omega}{\mathrm{d}z}\right|_{z=z_0}$,即

$$f'(z_0) = \lim_{\Delta z \to 0} \frac{f(z_0+\Delta z)-f(z_0)}{\Delta z}. \tag{2.1}$$

复变函数导数的定义也可以用"ε-δ"语言描述如下:

设函数 $\omega=f(z)$ 在区域 D 内有定义,z_0 为 D 中的一点,$z_0+\Delta z$ 为区域 D 内任意一点.对于任意给定的 $\varepsilon>0$,总存在一个 $\delta(\varepsilon)>0$,使得当 $0<|\Delta z|<\delta(\varepsilon)$ 时,总有

$$\left|\frac{f(z_0+\Delta z)-f(z_0)}{\Delta z}-f'(z_0)\right|<\varepsilon.$$

由此可见,复变函数导数的定义与一元实函数导数的定义在形式上是一致的.但是需要特别注意的是,复变函数可导比一元实函数可导的要求要严格得多.事实上,(2.1) 式要求点 $z_0+\Delta z$ 在区域 D 内以任意方向任意方式趋于 z_0 时,比值 $\dfrac{f(z_0+\Delta z)-f(z_0)}{\Delta z}$ 的极限都存在且相等.而一元实函数 $y=f(x)$ 可导仅要求当点

$x_0 + \Delta x$ 由左或右两个方向趋于 x_0 时,比值 $\dfrac{f(x_0 + \Delta x) - f(x_0)}{\Delta x}$ 的极限存在且相等.

如果 $f(z)$ 在区域 D 内处处可导,则称 $f(z)$ 在 D 内**可导**.

例 1 求 $f(z) = z^2$ 的导数.

解 因为
$$\lim_{\Delta z \to 0} \frac{f(z + \Delta z) - f(z)}{\Delta z} = \lim_{\Delta z \to 0} \frac{(z + \Delta z)^2 - z^2}{\Delta z} = \lim_{\Delta z \to 0} (2z + \Delta z) = 2z,$$
所以
$$f'(z) = 2z.$$

例 2 证明 $f(z) = \bar{z}$ 在复平面上处处连续,但处处不可导.

证明 设 $z = x + yi$,则 $f(z) = \bar{z} = x - yi$,显然 $u(x, y) = x$ 和 $v(x, y) = -y$ 在复平面内处处连续,所以 $f(z) = \bar{z}$ 在复平面上处处连续. 但
$$\lim_{\Delta z \to 0} \frac{f(z + \Delta z) - f(z)}{\Delta z} = \lim_{\Delta z \to 0} \frac{\overline{(z + \Delta z)} - \bar{z}}{\Delta z} = \lim_{\Delta z \to 0} \frac{\overline{\Delta z}}{\Delta z} = \lim_{\Delta z \to 0} \frac{\Delta x - \mathrm{i} \Delta y}{\Delta x + \mathrm{i} \Delta y},$$
当 Δz 沿着实轴趋于 0 时,
$$\lim_{\Delta z \to 0} \frac{\Delta x - \mathrm{i} \Delta y}{\Delta x + \mathrm{i} \Delta y} = \lim_{\substack{\Delta x \to 0 \\ \Delta y = 0}} \frac{\Delta x}{\Delta x} = 1,$$
当 Δz 沿着虚轴趋于 0 时,
$$\lim_{\Delta z \to 0} \frac{\Delta x - \mathrm{i} \Delta y}{\Delta x + \mathrm{i} \Delta y} = \lim_{\substack{\Delta y \to 0 \\ \Delta x = 0}} \frac{-\mathrm{i} \Delta y}{\mathrm{i} \Delta y} = -1.$$
所以 $f(z) = \bar{z}$ 在点 z 处不可导,由 z 的任意性知,$f(z) = \bar{z}$ 在复平面内处处不可导.

2. 可导与连续的关系

从例 2 可知,函数 $\omega = f(z)$ 在 z_0 处连续但不一定在 z_0 处可导. 然而,函数 $\omega = f(z)$ 在 z_0 处可导必定在 z_0 处连续.

事实上,若函数 $\omega = f(z)$ 在 z_0 可导,由导数的定义,对于任意给定的 $\varepsilon > 0$,总存在一个 $\delta > 0$,使得当 $0 < |\Delta z| < \delta$ 时,总有
$$\left| \frac{f(z_0 + \Delta z) - f(z_0)}{\Delta z} - f'(z_0) \right| < \varepsilon.$$
令
$$\alpha = \frac{f(z_0 + \Delta z) - f(z_0)}{\Delta z} - f'(z_0),$$
则
$$\lim_{\Delta z \to 0} \alpha = 0.$$
于是
$$f(z_0 + \Delta z) - f(z_0) = f'(z_0) \Delta z + \alpha \Delta z \to 0 \quad (\Delta z \to 0).$$

所以 $\omega=f(z)$ 在 z_0 处连续.

3. 求导法则

由于复变函数导数的定义与一元实函数导数的定义在形式上完全一致,而且复变函数极限的运算法则和一元实函数极限的运算法则也一样,因而一元实函数的求导法则可以不加更改的推广到复变函数中来.例如:

(1) $(C)'=0$,其中 C 为复常数;

(2) $(z^n)'=nz^{n-1}$,其中 n 为正整数;

(3) $[f(z)\pm g(z)]'=f'(z)\pm g'(z)$;

(4) $[f(z)g(z)]'=f'(z)g(z)+f(z)g'(z)$;

(5) $\left[\dfrac{f(z)}{g(z)}\right]'=\dfrac{f'(z)g(z)-f(z)g'(z)}{g^2(z)}$,$g(z)\neq 0$;

(6) $\{f[g(z)]\}'=f'(\omega)g'(z)$,其中 $\omega=g(z)$;

(7) $f'(z)=\dfrac{1}{\varphi'(\omega)}$,其中 $\omega=f(z)$ 与 $z=\varphi(\omega)$ 是两个互为反函数的单值函数,且 $\varphi'(\omega)\neq 0$.

例 3 设 $f(z)=(z^2-2z+4)^2$,求 $f'(\mathrm{i})$.

解 因为 $f'(z)=2(z^2-2z+4)(2z-2)$,所以 $f'(\mathrm{i})=2(\mathrm{i}^2-2\mathrm{i}+4)(2\mathrm{i}-2)=-4+20\mathrm{i}$.

2.1.2 解析函数的概念

定义 2.2 若函数 $f(z)$ 在点 z_0 及 z_0 的某个邻域内处处可导,则称 $f(z)$ 在点 z_0 解析.若函数 $f(z)$ 在区域 D 内每一点都解析,则称 $f(z)$ 在区域 D 内解析,或称 $f(z)$ 是区域 D 内的一个**解析函数**(**全纯函数**或**正则函数**).

若函数 $f(z)$ 在点 z_0 不解析,则称 z_0 为 $f(z)$ 的**奇点**.

显然,函数在区域 D 内解析与在区域 D 内可导是等价的.但是,函数在一点处解析和在一点处可导并不等价.具体来说,函数在一点处可导,不一定在该点解析;反过来,函数在一点处解析,一定在该点可导.

根据求导法则,下述定理成立:

定理 2.1 (1) 若函数 $f(z)$ 与 $g(z)$ 在区域 D 内解析,则函数 $f(z)$ 与 $g(z)$ 的和、差、积、商(除去分母为零的点)在区域 D 内也解析.

(2) 若函数 $h=g(z)$ 在 z 平面上的区域 D 内解析,函数 $\omega=f(h)$ 在 h 平面上的区域 G 内解析,且 $g(D)\subseteq G$,则复合函数 $\omega=f[g(z)]$ 在区域 D 内解析.

例 4 研究多项式 $P(z)=a_0z^n+a_1z^{n-1}+\cdots+a_{n-1}z+a_n(a_0\neq 0)$ 的解析性.

解 由于 z^n 在整个复平面内处处可导,所以由定理 2.1 知,多项式 $P(z)$ 在整个复平面内处处解析,且

$$P'(z) = na_0 z^{n-1} + (n-1)a_1 z^{n-2} + \cdots + 2a_{n-2}z + a_{n-1}.$$

例 5 研究有理分式函数

$$\frac{P(z)}{Q(z)} = \frac{a_0 z^n + a_1 z^{n-1} + \cdots + a_{n-1}z + a_n}{b_0 z^m + b_1 z^{m-1} + \cdots + b_{m-1}z + b_m} \quad (a_0 \neq 0, b_0 \neq 0)$$

的解析性.

解 由例 4 和定理 2.1 知,有理分式函数 $\frac{P(z)}{Q(z)}$ 在分母 $Q(z) \neq 0$ 的区域内解析,而使分母 $Q(z)=0$ 的点是有理分式函数的奇点.

2.2 函数解析的充要条件

在第 1 章中我们曾指出任何一个复变函数都相当于两个二元实函数,并且可将复变函数 $f(z)=u(x,y)+\mathrm{i}v(x,y)$ 的极限与连续性转换为二元实函数 $u(x,y)$ 与 $v(x,y)$ 的极限与连续性.类似地,本节介绍一种判断函数可导与解析的简便方法:仅根据实部与虚部,即可判定一个函数是否可导与解析.

定义 2.3 对于二元实函数 $u(x,y)$ 与 $v(x,y)$,方程

$$\frac{\partial u}{\partial x} = \frac{\partial v}{\partial y}, \quad \frac{\partial u}{\partial y} = -\frac{\partial v}{\partial x} \tag{2.2}$$

称为柯西-黎曼(Cauchy-Riemann)**方程**(简称 C-R **方程**).

定理 2.2(可导的充要条件) 设函数 $f(z)=u(x,y)+\mathrm{i}v(x,y)$ 在区域 D 内有定义,则 $f(z)$ 在区域 D 内一点 $z=x+yi$ 可导的充要条件是

(1) $u(x,y)$ 与 $v(x,y)$ 在点 (x,y) 可微;

(2) $u(x,y)$ 与 $v(x,y)$ 在点 (x,y) 满足柯西-黎曼方程,即

$$\frac{\partial u}{\partial x} = \frac{\partial v}{\partial y}, \quad \frac{\partial u}{\partial y} = -\frac{\partial v}{\partial x}.$$

且函数 $f(z)=u(x,y)+\mathrm{i}v(x,y)$ 在点 $z=x+yi$ 处的导数公式为

$$f'(z) = \frac{\partial u}{\partial x} + \mathrm{i}\frac{\partial v}{\partial x}. \tag{2.3}$$

证明 **必要性** 设函数 $f(z)=u(x,y)+\mathrm{i}v(x,y)$ 在点 $z=x+yi$ 可导,则由导数的定义得

$$\lim_{\Delta z \to 0} \frac{f(z+\Delta z) - f(z)}{\Delta z} = f'(z),$$

从而得

$$f(z+\Delta z) - f(z) = f'(z)\Delta z + \eta \Delta z, \tag{2.4}$$

其中 $\lim\limits_{\Delta z \to 0} \eta = \lim\limits_{\Delta z \to 0} (\eta_1 + \mathrm{i}\eta_2) = 0$.

令 $f(z+\Delta z) - f(z) = \Delta u + \mathrm{i}\Delta v$,$f'(z) = a + \mathrm{i}b$,则 (2.4) 式可表示为

$$\Delta u + \mathrm{i}\Delta v = (a+\mathrm{i}b)(\Delta x + \mathrm{i}\Delta y) + (\eta_1 + \mathrm{i}\eta_2)(\Delta x + \mathrm{i}\Delta y)$$
$$= (a\Delta x - b\Delta y + \eta_1 \Delta x - \eta_2 \Delta y) + \mathrm{i}(b\Delta x + a\Delta y + \eta_2 \Delta x + \eta_1 \Delta y),$$

于是
$$\Delta u = a\Delta x - b\Delta y + \eta_1 \Delta x - \eta_2 \Delta y,$$
$$\Delta v = b\Delta x + a\Delta y + \eta_2 \Delta x + \eta_1 \Delta y.$$

由于 $\lim\limits_{(\Delta x, \Delta y) \to (0,0)} \eta_1 = 0$，$\lim\limits_{(\Delta x, \Delta y) \to (0,0)} \eta_2 = 0$，所以由二元实函数可微的定义知，$u(x,y)$ 与 $v(x,y)$ 在点 (x,y) 可微，且
$$a = \frac{\partial u}{\partial x} = \frac{\partial v}{\partial y}, \quad -b = \frac{\partial u}{\partial y} = -\frac{\partial v}{\partial x}.$$

充分性 因为 $u(x,y)$ 与 $v(x,y)$ 在点 (x,y) 可微，则
$$\Delta u = \frac{\partial u}{\partial x}\Delta x + \frac{\partial u}{\partial y}\Delta y + \varepsilon_1 \Delta x + \varepsilon_2 \Delta y,$$
$$\Delta v = \frac{\partial v}{\partial x}\Delta x + \frac{\partial v}{\partial y}\Delta y + \varepsilon_3 \Delta x + \varepsilon_4 \Delta y,$$

其中 $\lim\limits_{(\Delta y, \Delta y) \to (0,0)} \varepsilon_i = 0 (i=1,2,3,4)$. 于是
$$f(z+\Delta z) - f(z) = \Delta u + \mathrm{i}\Delta v$$
$$= \left(\frac{\partial u}{\partial x}\Delta x + \frac{\partial u}{\partial y}\Delta y + \varepsilon_1 \Delta x + \varepsilon_2 \Delta y\right) + \mathrm{i}\left(\frac{\partial v}{\partial x}\Delta x + \frac{\partial v}{\partial y}\Delta y + \varepsilon_3 \Delta x + \varepsilon_4 \Delta y\right)$$
$$= \left(\frac{\partial u}{\partial x} + \mathrm{i}\frac{\partial v}{\partial x}\right)\Delta x + \left(\frac{\partial u}{\partial y} + \mathrm{i}\frac{\partial v}{\partial y}\right)\Delta y + (\varepsilon_1 + \mathrm{i}\varepsilon_3)\Delta x + (\varepsilon_2 + \mathrm{i}\varepsilon_4)\Delta y.$$
$$(2.5)$$

又因为
$$\frac{\partial u}{\partial x} = \frac{\partial v}{\partial y}, \quad \frac{\partial u}{\partial y} = -\frac{\partial v}{\partial x} = \mathrm{i}^2 \frac{\partial v}{\partial x},$$

所以 (2.5) 式可写成
$$f(z+\Delta z) - f(z) = \left(\frac{\partial u}{\partial x} + \mathrm{i}\frac{\partial v}{\partial x}\right)(\Delta x + \mathrm{i}\Delta y) + (\varepsilon_1 + \mathrm{i}\varepsilon_3)\Delta x + (\varepsilon_2 + \mathrm{i}\varepsilon_4)\Delta y,$$

从而
$$\frac{f(z+\Delta z) - f(z)}{\Delta z} = \left(\frac{\partial u}{\partial x} + \mathrm{i}\frac{\partial v}{\partial x}\right) + (\varepsilon_1 + \mathrm{i}\varepsilon_3)\frac{\Delta x}{\Delta z} + (\varepsilon_2 + \mathrm{i}\varepsilon_4)\frac{\Delta y}{\Delta z}.$$

又 $\lim\limits_{\Delta z \to 0}(\varepsilon_1 + \mathrm{i}\varepsilon_3)\frac{\Delta x}{\Delta z} = 0$，$\lim\limits_{\Delta z \to 0}(\varepsilon_2 + \mathrm{i}\varepsilon_4)\frac{\Delta y}{\Delta z} = 0$，因此
$$f'(z) = \lim_{\Delta z \to 0} \frac{f(z+\Delta z) - f(z)}{\Delta z} = \frac{\partial u}{\partial x} + \mathrm{i}\frac{\partial v}{\partial x},$$

即 $f(z) = u(x,y) + \mathrm{i}v(x,y)$ 在点 z 可导.

由高等数学的知识可知，当二元实函数的偏导存在且连续时，函数可微，于是我们可推出如下结论：

推论 1(可导的充分条件) 设函数 $f(z)=u(x,y)+iv(x,y)$ 在区域 D 内有定义,则 $f(z)$ 在区域 D 内一点 $z=x+yi$ 可导的充分条件是

(1) $u(x,y)$ 与 $v(x,y)$ 在点 (x,y) 偏导存在且连续;

(2) $u(x,y)$ 与 $v(x,y)$ 在点 (x,y) 满足柯西-黎曼方程,即

$$\frac{\partial u}{\partial x}=\frac{\partial v}{\partial y}, \quad \frac{\partial u}{\partial y}=-\frac{\partial v}{\partial x}.$$

根据函数在区域内解析的定义及定理 2.2,不难证明如下定理成立.

定理 2.3(解析的充要条件) 函数 $f(z)=u(x,y)+iv(x,y)$ 在区域 D 内解析的充要条件是

(1) $u(x,y)$ 与 $v(x,y)$ 在区域 D 内可微;

(2) $u(x,y)$ 与 $v(x,y)$ 在区域 D 内满足柯西-黎曼方程.

推论 2(解析的充分条件) 函数 $f(z)=u(x,y)+iv(x,y)$ 在区域 D 内解析的充分条件是

(1) $u(x,y)$ 与 $v(x,y)$ 在区域 D 内偏导存在且连续;

(2) $u(x,y)$ 与 $v(x,y)$ 在区域 D 内满足柯西-黎曼方程.

上述定理是本章的主要定理,其实用价值在于仅仅利用 $u(x,y)$ 与 $v(x,y)$ 的性质,就能很容易判定函数 $f(z)=u(x,y)+iv(x,y)$ 的可导与解析性,并提供了一个简洁的求导公式(2.3).

例 1 判定下列函数在何处可导,在何处解析:

(1) $f(z)=\bar{z}$;   (2) $f(z)=z\mathrm{Re}(z)$;   (3) $f(z)=x^2-\mathrm{i}y$.

解 (1) 因为 $f(z)=\bar{z}=x-\mathrm{i}y$,得 $u=x,v=-y$,所以

$$\frac{\partial u}{\partial x}=1, \quad \frac{\partial u}{\partial y}=0,$$

$$\frac{\partial v}{\partial x}=0, \quad \frac{\partial v}{\partial y}=-1.$$

显然不满足柯西-黎曼方程,因而 $f(z)=\bar{z}$ 在整个复平面内处处不可导,处处不解析.

(2) 因为 $f(z)=z\mathrm{Re}(z)=(x+y\mathrm{i})x=x^2+xy\mathrm{i}$,得 $u=x^2,v=xy$,所以

$$\frac{\partial u}{\partial x}=2x, \quad \frac{\partial u}{\partial y}=0,$$

$$\frac{\partial v}{\partial x}=y, \quad \frac{\partial v}{\partial y}=x.$$

显然 u 与 v 的偏导数存在且连续,但当且仅当 $x=y=0$ 时,才满足柯西-黎曼方程,因而 $f(z)=z\mathrm{Re}(z)$ 仅在 $z=0$ 可导,在整个复平面内处处不解析.

(3) 因为 $u=x^2,v=-y$,所以

$$\frac{\partial u}{\partial x}=2x, \quad \frac{\partial u}{\partial y}=0,$$

$$\frac{\partial v}{\partial x} = 0, \quad \frac{\partial v}{\partial y} = -1.$$

显然 u 与 v 的偏导数存在且连续,但当且仅当 $2x=-1$,即 $x=-\frac{1}{2}$ 时,才满足柯西-黎曼方程,因而 $f(z)=x^2-\mathrm{i}y$ 仅在直线 $x=-\frac{1}{2}$ 上可导,在整个复平面内处处不解析.

例 2 证明 $f(z)=\mathrm{e}^x(\cos y+\mathrm{i}\sin y)$ 在整个复平面内处处解析,且 $f'(z)=f(z)$.

证明 因为 $u(x,y)=\mathrm{e}^x\cos y, v=(x,y)=\mathrm{e}^x\sin y$,从而
$$u_x = \mathrm{e}^x\cos y, \quad u_y = -\mathrm{e}^x\sin y,$$
$$v_x = \mathrm{e}^x\sin y, \quad v_y = \mathrm{e}^x\cos y.$$

在整个复平面内处处连续,且满足柯西-黎曼方程,因而 $f(z)=\mathrm{e}^x(\cos y+\mathrm{i}\sin y)$ 在整个复平面内处处解析,且
$$f'(z) = u_x + \mathrm{i}v_x = \mathrm{e}^x\cos y + \mathrm{i}\mathrm{e}^x\sin y = f(z).$$

例 3 设函数 $f(z)=ay^3+bx^2y+\mathrm{i}(x^3+cxy^2)$ 在复平面内处处解析,求 a,b,c 的值.

解 因为 $u(x,y)=ay^3+bx^2y, v(x,y)=x^3+cxy^2$,从而
$$u_x = 2bxy, \quad u_y = 3ay^2 + bx^2,$$
$$v_x = 3x^2 + cy^2, \quad v_y = 2cxy.$$

由于 $f(z)=ay^3+bx^2y+\mathrm{i}(x^3+cxy^2)$ 在复平面内处处解析,所以
$$\frac{\partial u}{\partial x} = \frac{\partial v}{\partial y}, \quad \frac{\partial u}{\partial y} = -\frac{\partial v}{\partial x},$$

即
$$\begin{cases} 2bxy = 2cxy \\ 3ay^2 + bx^2 = -(3x^2 + cy^2) \end{cases}.$$

因此,$a=1, b=-3, c=-3$.

2.3 初等函数

与高等数学中的初等实变函数一样,初等复变函数也是一种最简单、最基本且常用的函数,在复变函数理论研究及其应用中有着十分重要的地位.本节将高等数学中的一些常用初等函数推广到复数域中,研究这些函数的性质,并说明它们的解析性.需要注意的是,经过推广后的初等函数,往往会获得一些新的性质.例如,指数函数具有周期性,负数可取对数,正弦函数、余弦函数不再有界等.

2.3.1 指数函数

1. 指数函数的定义

指数函数 $y=\mathrm{e}^x$ 对任意实数 x 均可导,且 $(\mathrm{e}^x)'=\mathrm{e}^x$. 显然,我们把指数函数推广到复数域时,应遵循如下三个条件:

(1) 当复数 z 取实数时,它就是实指数函数,即 $y=0$ 时, $f(z)=\mathrm{e}^x$;

(2) $f(z)$ 在复平面内处处可导;

(3) $f'(z)=f(z)$.

事实上,由本章 2.2 节例 2 我们知道,函数 $f(z)=\mathrm{e}^x(\cos y+\mathrm{i}\sin y)$ 满足以上三个条件. 于是,我们就称该函数为复数 z 的指数函数.

定义 2.4 设复数 $z=x+\mathrm{i}y$,称函数
$$f(z) = \mathrm{e}^x(\cos y + \mathrm{i}\sin y)$$
为复数 z 的**指数函数**,记为 $\exp z$ 或简单记为 e^z,即
$$f(z) = \exp z = \mathrm{e}^z = \mathrm{e}^{x+\mathrm{i}y} = \mathrm{e}^x(\cos y + \mathrm{i}\sin y). \tag{2.6}$$

注意 (1) 当 z 的虚部 $y=0$ 时, $f(z)=\mathrm{e}^x$, 故实指数函数是复指数函数的特例.

(2) 当 z 的实部 $x=0$ 时, $f(z)=\mathrm{e}^{\mathrm{i}y}=\cos y+\mathrm{i}\sin y$, 即为著名的欧拉公式.

(3) e^z 仅仅是一个记号,其意义如(2.6)式,它没有幂的意义.

2. 指数函数的性质

(1) $|\mathrm{e}^z|=\mathrm{e}^x$, $\mathrm{Arg}(\mathrm{e}^z)=y+2k\pi$, $k=0,\pm1,\pm2,\cdots$.

(2) e^z 在复平面上处处解析,且 $(\mathrm{e}^z)'=\mathrm{e}^z$.

(3) 加法定理成立,即
$$\mathrm{e}^{z_1}\mathrm{e}^{z_2} = \mathrm{e}^{z_1+z_2} \quad \frac{\mathrm{e}^{z_1}}{\mathrm{e}^{z_2}} = \mathrm{e}^{z_1-z_2}.$$

设 $z_1=x_1+\mathrm{i}y_1$, $z_2=x_2+\mathrm{i}y_2$, 则由指数函数的定义有
$$\begin{aligned}\mathrm{e}^{z_1}\mathrm{e}^{z_2} &= \mathrm{e}^{x_1+\mathrm{i}y_1}\mathrm{e}^{x_2+\mathrm{i}y_2}\\&=[\mathrm{e}^{x_1}(\cos y_1+\mathrm{i}\sin y_1)][\mathrm{e}^{x_2}(\cos y_2+\mathrm{i}\sin y_2)]\\&=\mathrm{e}^{x_1+x_2}[\cos(y_1+y_2)+\mathrm{i}\sin(y_1+y_2)]=\mathrm{e}^{z_1+z_2}.\end{aligned}$$

同理可证 $\dfrac{\mathrm{e}^{z_1}}{\mathrm{e}^{z_2}}=\mathrm{e}^{z_1-z_2}$.

(4) e^z 是以 $2\pi\mathrm{i}$ 为基本周期的周期函数.

事实上,对任意整数 k,由上述加法定理有
$$\mathrm{e}^{z+2k\pi\mathrm{i}} = \mathrm{e}^z\mathrm{e}^{2k\pi\mathrm{i}} = \mathrm{e}^z[\cos(2k\pi)+\mathrm{i}\sin(2k\pi)] = \mathrm{e}^z.$$

(5) 极限 $\lim\limits_{z\to\infty}\mathrm{e}^z$ 不存在,即 e^∞ 无意义.

因为当 z 沿实轴趋向于 $+\infty$ 时,有

$$\lim_{\substack{z=x \\ z \to +\infty}} e^z = \lim_{x \to +\infty} e^x = +\infty;$$

而当 z 沿实轴趋向于 $-\infty$ 时,有

$$\lim_{\substack{z=x \\ z \to -\infty}} e^z = \lim_{x \to -\infty} e^x = 0.$$

所以极限 $\lim_{z \to \infty} e^z$ 不存在.

例 1 计算 e^{3-4i} 的值,并求 $|e^{3-4i}|$ 与 $\arg(e^{3-4i})$.

解 根据指数函数的定义

$$e^{3-4i} = e^3[\cos(-4) + i\sin(-4)],$$

所以

$$|e^{3-4i}| = e^3, \quad \arg(e^{3-4i}) = -4 + 2\pi.$$

2.3.2 对数函数

1. 对数函数的定义

与实变函数一样,我们利用指数函数的反函数来定义对数函数.

定义 2.5 若 $e^\omega = z (z \neq 0)$,则称复数 ω 为复数 z 的**对数**,记为 $\omega = \text{Ln}z$. 令 $\omega = u + iv, z = re^{i\theta}$,则

$$e^\omega = e^{u+iv} = e^u e^{iv} = re^{i\theta},$$

所以

$$e^u = r, \quad v = \theta + 2k\pi, \quad k = 0, \pm 1, \pm 2, \cdots,$$

即

$$u = \ln r = \ln|z|, \quad v = \theta + 2k\pi = \text{Arg}z,$$

因此

$$\omega = \text{Ln}z = \ln|z| + i\text{Arg}z. \tag{2.7}$$

由此可见,对数函数 $\omega = \text{Ln}z$ 为多值函数,且任意两个值相差 $2\pi i$ 的整数倍. 但当 $\text{Arg}z$ 取某个特定的辐角时,(2.7) 式是一个单值函数,称为 $\omega = \text{Ln}z$ 的一个分支.

特别地,当 $\text{Arg}z$ 取辐角主值 $\arg z$ 时,$\omega = \text{Ln}z$ 为一个单值函数,称为 $\text{Ln}z$ 的**主值**(或主值支),记作 $\ln z$. 即

$$\ln z = \ln|z| + i\arg z. \tag{2.8}$$

因而,$\text{Ln}z$ 的其余各个值可表示为

$$\text{Ln}z = \ln z + 2k\pi i, \quad k = 0, \pm 1, \pm 2, \cdots, \tag{2.9}$$

对于每一个固定的 k,上式对应 $\text{Ln}z$ 的一个分支.

例 2 求 $\ln(2 - 3i)$.

解 因为 $|2 - 3i| = \sqrt{13}$,$\arg(2 - 3i) = -\arctan\dfrac{3}{2}$,所以

$$\ln(2-3i) = \ln|2-3i| + i\arg(2-3i) = \frac{1}{2}\ln 13 - i\arctan\frac{3}{2}.$$

例 3 求 Ln2 及 Ln(−1).

解 Ln2 = ln2 + iArg2 = ln2 + 2kπi,

Ln(−1) = ln1 + iArg(−1) = (2k+1)πi, $k=0,\pm 1,\pm 2,\cdots$.

此例说明：复对数是实对数的推广，在实数域内，负数无对数，但在复数域内负数可以取对数，且正实数的复对数也是一个多值函数.

2. 对数函数的性质

利用第 1 章定理 1.1 和复对数函数的定义，我们可以得到复对数具有如下基本性质.

运算性质：
$$\text{Ln}(z_1 z_2) = \text{Ln}z_1 + \text{Ln}z_2, \tag{2.10}$$

$$\text{Ln}\frac{z_1}{z_2} = \text{Ln}z_1 - \text{Ln}z_2. \tag{2.11}$$

事实上 Ln$(z_1 z_2)$ = ln$|z_1 z_2|$ + iArg$(z_1 z_2)$ = ln$|z_1|$ + ln$|z_2|$ + iArg(z_1) + iArg(z_2)

= [ln$|z_1|$ + iArg(z_1)] + [ln$|z_2|$ + iArg(z_2)] = Lnz_1 + Lnz_2.

同理可证 Ln$\frac{z_1}{z_2}$ = Lnz_1 − Lnz_2.

由于对数函数为无穷多值函数，所以等式(2.10)与等式(2.11)的左右两端都是由无穷多个函数构成的两个函数集，这些等式应该理解为左右两端可能取的函数值的全体是相同的. 还应当注意，等式

$$\text{Ln}z^n = n\text{Ln}z,$$

$$\text{Ln}\sqrt[n]{z} = \frac{1}{n}\text{Ln}z$$

不再恒成立，其中 n 为大于 1 的正整数.

3. 解析性

对数函数 $w = \text{Ln}z$ 的各个分支在除去原点及负实轴的复平面上处处解析，且

$$(\text{Ln}z)' = \frac{1}{z}.$$

事实上，就主值 $w = \ln z$ 而言，因为 $w = \ln z = \ln|z| + i\arg z$，当 $z=0$ 时，$\ln|z|$ 与 arg$z$ 均无定义，故 $w = \ln z$ 在原点处不连续；当 z 为负实轴上的点时，$\lim_{y \to 0^+} \arg z = \pi$，$\lim_{y \to 0^-} \arg z = -\pi$，由此可见 $w = \ln z$ 在原点及负实轴上不连续，因而不可导.

又由反函数的求导法则

$$\frac{\mathrm{d}\ln z}{\mathrm{d}z} = \frac{1}{\dfrac{\mathrm{d}e^{\omega}}{\mathrm{d}\omega}} = \frac{1}{e^{\omega}} = \frac{1}{z}.$$

所以, $\omega = \ln z$ 在除去原点及负实轴的复平面上解析, 且 $(\ln z)' = \dfrac{1}{z}$.

由于 $\mathrm{Ln}z = \ln z + 2k\pi\mathrm{i}(k=0,\pm 1,\pm 2,\cdots)$, 因此 $\mathrm{Ln}z$ 的各个分支在除去原点及负实轴的复平面上也处处解析, 且

$$(\mathrm{Ln}z)' = \frac{1}{z}.$$

一般来说, 在应用对数函数 $\omega = \mathrm{Ln}z$ 时, 都应指明它是除去原点及负实轴的复平面上的哪一个确定的单值解析分支.

2.3.3 幂函数

1. 幂函数的定义

定义 2.6 函数 $\omega = z^{\alpha} = e^{\alpha \mathrm{Ln}z}$ ($z \neq 0$, α 为复常数) 称为 z 的**幂函数**.

由于对数函数 $\omega = \mathrm{Ln}z$ 是多值函数, 所以幂函数 $\omega = z^{\alpha}$ 一般也是多值函数, 即

$$\omega = z^{\alpha} = e^{\alpha \mathrm{Ln}z} = e^{\alpha(\ln z + 2k\pi\mathrm{i})} = e^{\alpha \ln z} e^{2k\pi\mathrm{i}\alpha}.$$

当 $\alpha = n$ (n 为整数) 时, 设 $z = r(\cos\theta + \mathrm{i}\sin\theta)$, 则

$$\omega = z^{n} = e^{n\mathrm{Ln}z} = e^{n[\ln|z| + \mathrm{i}(\theta + 2k\pi)]} = e^{n\ln r} e^{\mathrm{i}(\theta + 2k\pi)n} = r^{n}(\cos n\theta + \mathrm{i}\sin n\theta)$$

是一个单值函数. 事实上, 这就是第 1 章定义过的复数的乘方.

当 $\alpha = \dfrac{1}{n}$ (n 为正整数) 时,

$$\begin{aligned}\omega = z^{\frac{1}{n}} &= e^{\frac{1}{n}\mathrm{Ln}z} = e^{\frac{1}{n}[\ln|z| + \mathrm{i}(\theta + 2k\pi)]} = e^{\frac{1}{n}\ln r} e^{\mathrm{i}\frac{\theta + 2k\pi}{n}} \\ &= r^{\frac{1}{n}}\left(\cos\frac{\theta + 2k\pi}{n} + \mathrm{i}\sin\frac{\theta + 2k\pi}{n}\right), \quad k = 0, 1, 2, \cdots, n-1\end{aligned}$$

只有 n 个不同的值. 事实上, 这就是第 1 章定义过的复数的开方.

当 $\alpha = \dfrac{q}{p}$ (p, q 为互质的整数, 且 $p > 0$) 时,

$$\begin{aligned}\omega = z^{\frac{q}{p}} &= e^{\frac{q}{p}\mathrm{Ln}z} = e^{\frac{q}{p}[\ln|z| + \mathrm{i}(\theta + 2k\pi)]} = e^{\frac{q}{p}\ln r} e^{\mathrm{i}(\theta + 2k\pi)\frac{q}{p}} \\ &= r^{\frac{q}{p}}\left\{\cos\left[(\theta + 2k\pi)\frac{q}{p}\right] + \mathrm{i}\sin\left[(\theta + 2k\pi)\frac{q}{p}\right]\right\}, \quad k = 0, 1, \cdots, p-1\end{aligned}$$

只有 p 个不同的值.

当 α 为无理数或复数时, $e^{2k\pi\mathrm{i}\alpha}$ 的所有值各不相同, z^{α} 具有无穷多值.

2. 幂函数的解析性

由于 $\omega = \mathrm{Ln}z$ 的各个分支在除去原点及负实轴的复平面内解析, 所以 $\omega = z^{\alpha}$ 的各个分支在除去原点及负实轴的复平面内也解析, 且

$$\frac{\mathrm{d}}{\mathrm{d}z}z^{\alpha} = \frac{\mathrm{d}}{\mathrm{d}z}e^{\alpha \mathrm{Ln}z} = e^{\alpha \mathrm{Ln}z}\frac{\alpha}{z} = z^{\alpha}\frac{\alpha}{z} = \alpha z^{\alpha-1},$$

即

$$(z^{\alpha})' = \alpha z^{\alpha-1}.$$

例 4 求 $(1+\mathrm{i})^{\mathrm{i}}$.

解
$$(1+\mathrm{i})^{\mathrm{i}} = e^{\mathrm{i}\mathrm{Ln}(1+\mathrm{i})} = e^{\mathrm{i}\left[\ln\sqrt{2}+\mathrm{i}\left(\frac{\pi}{4}+2k\pi\right)\right]} = e^{-\left(\frac{\pi}{4}+2k\pi\right)+\mathrm{i}\ln\sqrt{2}}$$
$$= e^{-\left(\frac{\pi}{4}+2k\pi\right)}[\cos(\ln\sqrt{2})+\mathrm{i}\sin(\ln\sqrt{2})], \quad k=0,\pm1,\pm2,\cdots.$$

例 5 求 $2^{1+\mathrm{i}}$.

解 $2^{1+\mathrm{i}} = e^{(1+\mathrm{i})\mathrm{Ln}2} = e^{(1+\mathrm{i})[\ln 2+\mathrm{i}2k\pi]} = e^{(\ln 2-2k\pi)+\mathrm{i}(\ln 2+2k\pi)}$
$$= e^{\ln 2-2k\pi}(\cos\ln 2+\mathrm{i}\sin\ln 2), \quad k=0,\pm1,\pm2,\cdots.$$

例 6 求 $\mathrm{i}^{\frac{2}{3}}$.

解 $\mathrm{i}^{\frac{2}{3}} = e^{\frac{2}{3}\mathrm{Ln}\mathrm{i}} = e^{\frac{2}{3}\left(\frac{\pi}{2}+2k\pi\right)\mathrm{i}} = e^{\left(\frac{\pi}{3}+\frac{4k\pi}{3}\right)\mathrm{i}},$
$$= \cos\left(\frac{\pi}{3}+\frac{4k\pi}{3}\right)+\mathrm{i}\sin\left(\frac{\pi}{3}+\frac{4k\pi}{3}\right), \quad k=0,1,2,$$

所以 $\mathrm{i}^{\frac{2}{3}}$ 的三个值分别为

$$\frac{1}{2}+\frac{\sqrt{3}}{2}\mathrm{i}, \quad \frac{1}{2}-\frac{\sqrt{3}}{2}\mathrm{i}, \quad -1,$$

2.3.4 三角函数

1. 正弦函数与余弦函数的定义

由欧拉公式

$$e^{\mathrm{i}y} = \cos y+\mathrm{i}\sin y, \quad e^{-\mathrm{i}y} = \cos y-\mathrm{i}\sin y.$$

将这两式相加减得

$$\cos y = \frac{e^{\mathrm{i}y}+e^{-\mathrm{i}y}}{2}, \quad \sin y = \frac{e^{\mathrm{i}y}-e^{-\mathrm{i}y}}{2\mathrm{i}}. \tag{2.12}$$

由此可见,我们可以用指数函数来表示正弦函数与余弦函数,且如将这两个等式右端的 y 改为 z,等式右端仍有意义. 于是我们将正弦函数与余弦函数的定义推广到自变量取复数的情形,就得到复数域内正弦与余弦的定义.

定义 2.7 规定

$$\sin z = \frac{e^{\mathrm{i}z}-e^{-\mathrm{i}z}}{2\mathrm{i}}, \quad \cos z = \frac{e^{\mathrm{i}z}+e^{-\mathrm{i}z}}{2}. \tag{2.13}$$

并分别称为复数 z 的**正弦函数**与**余弦函数**.

显然,当 z 等于实数 y 时,我们的定义与实数域内正弦函数与余弦函数的定义完全一致.

2. 正弦函数与余弦函数的性质

根据正弦函数与余弦函数的定义及指数函数的性质,不难验证如下性质成立.

(1) $\sin z$ 与 $\cos z$ 均为单值函数.

(2) $\sin z$ 与 $\cos z$ 在复平面内处处解析,且
$$(\sin z)' = \cos z, \quad (\cos z)' = -\sin z.$$

因为
$$(\sin z)' = \left(\frac{e^{iz} - e^{-iz}}{2i}\right)' = \frac{ie^{iz} + ie^{-iz}}{2i} = \frac{e^{iz} + e^{-iz}}{2} = \cos z.$$

同理可证另外一个.

(3) $\sin z$ 是奇函数,$\cos z$ 是偶函数.

(4) $\sin z$ 与 $\cos z$ 是以 2π 为周期的周期函数.

(5) $\sin z$ 与 $\cos z$ 遵从通常的三角恒等式:
$$\sin^2 z + \cos^2 z = 1,$$
$$\sin(z_1 \pm z_2) = \sin z_1 \cos z_2 \pm \cos z_1 \sin z_2,$$
$$\cos(z_1 \pm z_2) = \cos z_1 \cos z_2 \mp \sin z_1 \sin z_2.$$

(6) $\sin z$ 与 $\cos z$ 均为无界函数,故 $|\sin z| \leqslant 1$ 和 $|\cos z| \leqslant 1$ 在复数域内不再成立.

事实上,当 $z = iy$ 时,
$$\cos z = \cos(iy) = \frac{e^{-y} + e^y}{2} \to +\infty \quad (y \to \infty).$$

3. 其他三角函数

定义 2.8 规定
$$\tan z = \frac{\sin z}{\cos z}, \quad \cot z = \frac{\cos z}{\sin z},$$
$$\sec z = \frac{1}{\cos z}, \quad \csc z = \frac{1}{\sin z},$$

分别称为复数 z 的**正切函数**、**余切函数**、**正割函数**及**余割函数**.

由解析函数的性质可知,它们在分母不等于零的点处解析,且
$$(\tan z)' = \sec^2 z, \quad (\cot z)' = -\csc^2 z,$$
$$(\sec z)' = \sec z \tan z, \quad (\csc z)' = -\csc z \cot z.$$

*2.3.5 反三角函数

定义 2.9 如果 $\cos \omega = z$,则称 ω 为复数 z 的**反余弦函数**,记作 $\omega = \mathrm{Arccos}\, z$.

由 $z = \cos \omega = \dfrac{e^{i\omega} + e^{-i\omega}}{2}$,两端同乘以 $2e^{i\omega}$,得

$$e^{2i\omega} + 1 = 2ze^{i\omega},$$

即

$$(e^{i\omega})^2 - 2ze^{i\omega} + 1 = 0,$$

解得

$$e^{i\omega} = z + \sqrt{z^2 - 1}.$$

对上式两端取对数，于是

$$\omega = -i\text{Ln}(z + \sqrt{z^2 - 1}),$$

即

$$\text{Arccos}z = -i\text{Ln}(z + \sqrt{z^2 - 1}).$$

用同样的方法可定义反正弦和反正切函数，并且重复上述步骤，可以推出反正弦和反正切函数的表达式如下：

$$\text{Arcsin}z = -i\text{Ln}(iz + \sqrt{1 - z^2}),$$
$$\text{Arctan}z = -\frac{i}{2}\text{Ln}\frac{1 + iz}{1 - iz}.$$

小结

解析函数是复变函数的主要研究对象．本章的重点是理解复变函数导数与解析函数等基本概念；掌握判断复变函数可导与解析的方法；熟悉初等复变函数的定义及其主要性质，尤其要注意在复数域内，初等实变函数哪些性质不再成立，又显现了哪些不同的特性．

本章的学习重点如下：

1. 复变函数导数与解析函数的概念

（1）复变函数导数的定义与一元实函数导数的定义在形式上完全一致，且它们的一些求导公式与求导法则也一样．然而，需要特别注意的是，极限 $\lim_{\Delta z \to 0} \dfrac{f(z_0 + \Delta z) - f(z_0)}{\Delta z}$ 存在要求与 $\Delta z \to 0$ 的方式无关，即当点 $z_0 + \Delta z$ 在区域 D 内以任意方式趋于 z_0 时，比值 $\dfrac{f(z_0 + \Delta z) - f(z_0)}{\Delta z}$ 的极限都存在且相等．而一元实函数 $y = f(x)$ 可导仅要求当点 $x_0 + \Delta x$ 由左或右两个方向趋于 x_0 时，比值 $\dfrac{f(x_0 + \Delta x) - f(x_0)}{\Delta x}$ 的极限存在且相等．因而，复变函数可导比一元实函数可导的要求要严格得多，从而可导的复变函数表现出一些特有的性质．

（2）熟练掌握复变函数连续、可导与解析的关系（如图 2.1）.

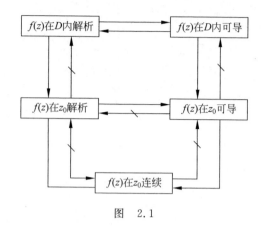

图 2.1

2. 判断函数可导与解析

(1) 利用可导与解析的充要条件,即本章定理 2.2 与定理 2.3.它是判断函数可导与解析的最常用、最简洁的方法.

定理 2.2 与定理 2.3 将复变函数 $f(z)=u+\mathrm{i}v$ 的是否可导与解析转化为判断两个二元实函数 u 与 v 是否满足 C-R 方程和是否可微.这两个定理是充要条件,只要其中一个条件不满足,则 $f(z)$ 一定不可导也不解析.然而,在实际应用中,我们更多的使用推论 1 和推论 2,即若 u 与 v 在点 z(区域 D)存在一阶连续偏导且满足 C-R 方程,则 $f(z)$ 在点 z 可导(区域 D 解析).

(2) 利用求导公式与求导法则验证.

(3) 利用可导与解析的定义.

3. 解析函数的导数

求解析函数的导数可利用导数定义、求导公式与求导法则以及导数公式

$$f'(z)=\frac{\partial u}{\partial x}+\mathrm{i}\frac{\partial v}{\partial x}.$$

4. 初等复变函数的定义及其主要性质

初等复变函数是一元初等实函数在复数域上的推广,它既保留了后者的某些基本性质,又有一些与后者不同的特性.

习题二

1. 利用导数的定义求下列函数的导数:

(1) $f(z)=\left(\dfrac{1}{z}\right)'$;   (2) $f(z)=z\mathrm{Re}(z)$.

2. 若 $f(z)$ 及 $g(z)$ 在 z_0 解析,且
$$f(z_0) = g(z_0) = 0, \quad g'(z_0) \neq 0.$$
证明:$\lim\limits_{z \to z_0} \dfrac{f(z)}{g(z)} = \lim\limits_{z \to z_0} \dfrac{f'(z)}{g'(z)}$(洛比达法则).

3. 判断下列函数在何处可导,并求出其导数.

(1) $f(z) = (1-2z)^4$;

(2) $f(z) = \dfrac{2z}{z^2+1}$;

(3) $f(z) = \dfrac{z-2}{(z+1)(z^2+1)}$;

(4) $f(z) = z^3 - 2\mathrm{i}z$.

4. 下列函数何处可导? 何处解析?

(1) $f(z) = xy^2 + \mathrm{i}x^2 y$;

(2) $f(z) = 2x^3 - 3y^3 \mathrm{i}$;

(3) $f(z) = x^3 - 3xy^2 + \mathrm{i}(3x^2 y - y^3)$;

(4) $f(z) = \mathrm{Re}(z)$.

5. 试证下列函数在复平面上解析,并分别求出其导数.

(1) $f(z) = x^3 + 3x^2 y\mathrm{i} - 3xy^2 - y^3 \mathrm{i}$;

(2) $f(z) = \mathrm{e}^x (x\cos y - y\sin y) + \mathrm{i}\mathrm{e}^x (y\cos y + x\sin y)$.

6. 设 $my^3 + nx^2 y + \mathrm{i}(x^3 + lxy^2)$ 为解析函数,试确定 l, m, n 的值.

7. 设
$$f(z) = \begin{cases} \dfrac{x^3 - y^3 + \mathrm{i}(x^3 + y^3)}{x^2 + y^2}, & z \neq 0 \\ 0, & z = 0 \end{cases}.$$

证明:(1) $f(z)$ 在 $z=0$ 连续;

(2) $f(z)$ 在 $z=0$ 满足 C-R 方程;

(3) $f(z)$ 在 $z=0$ 不可导.

8. 如果 $f(z) = u + \mathrm{i}v$ 是 z 的解析函数,证明:
$$\left(\dfrac{\partial}{\partial x} | f(z) | \right)^2 + \left(\dfrac{\partial}{\partial y} | f(z) | \right)^2 = | f'(z) |^2.$$

9. 证明:C-R 方程的极坐标形式是
$$\dfrac{\partial u}{\partial r} = \dfrac{1}{r} \dfrac{\partial v}{\partial \theta}, \quad \dfrac{\partial v}{\partial r} = -\dfrac{1}{r} \dfrac{\partial u}{\partial \theta}.$$

10. 如果函数 $f(z) = u + \mathrm{i}v$ 在区域 D 内解析,证明导数公式有如下形式:
$$f'(z) = u_x - \mathrm{i}u_y = v_y + \mathrm{i}v_x = v_y - \mathrm{i}u_y.$$

11. 证明:如果函数 $f(z) = u + \mathrm{i}v$ 在区域 D 内解析,并满足下列条件之一,那么 $f(z)$ 是常数.

(1) $f'(z) \equiv 0$;

(2) $f(z)$ 恒取实值;

(3) $\overline{f(z)}$ 在 D 内解析;

(4) $|f(z)|$ 在 D 内是一个常数；

(5) $\mathrm{Re}f(z)$ 或 $\mathrm{Im}f(z)$ 在 D 内为常数.

12. 求下列各式的值.

(1) e^{2+i}；　　　　　　　　　　　(2) $e^{\frac{2-\pi i}{3}}$.

13. 求 $\mathrm{Ln}(-i)$，$\mathrm{Ln}(-3+4i)$ 和它们的主值.

14. 计算下列各式的值.

(1) $(1+i)^{1-i}$；　　　　　　　　　(2) $1^{\sqrt{2}}$.

15. 解下列复数方程.

(1) $e^z=1+\sqrt{3}\,i$；　　(2) $\ln z=\dfrac{\pi}{2}i$；　　(3) $1+e^z=0$.

16. 计算 $\cos(1+i)$.

第 3 章 复变函数的积分

复变函数的积分(简称复积分)是研究解析函数的一个重要工具,解析函数的许多重要性质都要通过复积分来证明.本章在介绍复积分的概念、性质与基本计算方法的基础上,重点研究柯西-古萨定理和柯西积分公式,它们是复变函数的基本理论和基本公式,在复变函数的理论研究和实际应用中有着非常重要的地位.

3.1 复变函数积分的概念与性质

3.1.1 有向曲线

设曲线 C 为复平面内的一条光滑曲线或按段光滑曲线,A 和 B 是曲线 C 的两个端点(图 3.1).对曲线 C 而言,有两个可能方向:从 A 到 B 和从 B 到 A.若规定其中一个方向为正方向,则称 C 为有向曲线,即把带有方向的光滑曲线或按段光滑曲线称为**有向曲线**.若规定 A 为起点,B 为终点,除特殊声明之外,总把起点 A 到终点 B 的方向称为 C 的正方向,而把终点 B 到起点 A 的方向称为 C 的负方向,记为 C^-.

若 C 为简单闭曲线(图 3.2),其正方向规定为:当观察者沿正方向行走时,C 内部邻近观察者的点始终位于他的左手边,即逆时针方向.

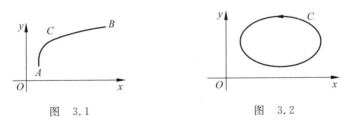

图 3.1   图 3.2

3.1.2 复变函数积分的概念

定义 3.1 设有向曲线 C 是平面上的一条光滑或按段光滑曲线,其起点为 A,终点为 B(图 3.3).函数 $\omega = f(z)$ 在 C 上有定义.将曲线 C 任意分成 n 个小弧段,设分

点依次为 $A=z_0, z_1, \cdots, z_{n-1}, z_n=B$. 在每个小弧段 $\overparen{z_{k-1}z_k}$ 上任取一点 ζ_k, 作和式 $\sum_{k=1}^n f(\zeta_k)\Delta z_k$, 其中 $\Delta z_k = z_k - z_{k-1}$. 当各个弧段的长度的最大值 λ 趋于零时，这个和式的极限都存在并且相等，则称函数 $\omega = f(z)$ 沿曲线 C 从 A 到 B **可积**，并称这个极限值为函数 $\omega = f(z)$ 沿曲线 C 从 A 到 B 的**积分**，记作

$$\int_C f(z)\mathrm{d}z = \lim_{\lambda \to 0}\sum_{k=1}^n f(\zeta_k)\Delta z_k.$$

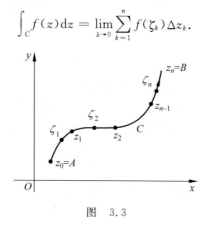

图 3.3

3.1.3 复变函数积分存在条件

定理 3.1 若 $f(z) = u(x,y) + \mathrm{i}v(x,y)$ 在光滑曲线 C 上连续，则 $f(z)$ 沿曲线 C 可积，且

$$\int_C f(z)\mathrm{d}z = \int_C u\mathrm{d}x - v\mathrm{d}y + \mathrm{i}\int_C v\mathrm{d}x + u\mathrm{d}y. \tag{3.1}$$

证明 设 $z_k = x_k + \mathrm{i}y_k$, $\Delta z_k = z_k - z_{k-1} = \Delta x_k + \mathrm{i}\Delta y_k$, $\zeta_k = \xi_k + \mathrm{i}\eta_k$, 则

$$\sum_{k=1}^n f(\zeta_k)\Delta z_k = \sum_{k=1}^n [u(\xi_k,\eta_k) + \mathrm{i}v(\xi_k,\eta_k)][\Delta x_k + \mathrm{i}\Delta y_k]$$

$$= \sum_{k=1}^n [u(\xi_k,\eta_k)\Delta x_k - v(\xi_k,\eta_k)\Delta y_k] + \mathrm{i}\sum_{k=1}^n [v(\xi_k,\eta_k)\Delta x_k + u(\xi_k,\eta_k)\Delta y_k],$$

上式右端的两个和式均为实函数的第二类曲线积分的积分和. 由于 $f(z)$ 在曲线 C 上连续，所以 u,v 在曲线 C 上连续. 于是

$$\lim_{\lambda \to 0}\sum_{k=1}^n [u(\xi_k,\eta_k)\Delta x_k - v(\xi_k,\eta_k)\Delta y_k] = \int_C u\mathrm{d}x - v\mathrm{d}y,$$

$$\lim_{\lambda \to 0}\sum_{k=1}^n [v(\xi_k,\eta_k)\Delta x_k + u(\xi_k,\eta_k)\Delta y_k] = \int_C v\mathrm{d}x + u\mathrm{d}y.$$

故

$$\int_C f(z)\mathrm{d}z = \int_C u\mathrm{d}x - v\mathrm{d}y + \mathrm{i}\int_C v\mathrm{d}x + u\mathrm{d}y.$$

公式(3.1)在形式上可以看作是 $f(z)=u+iv$ 与 $dz=dx+idy$ 相乘后求积分而得到

$$\int_C f(z)dz = \int_C (u+iv)(dx+idy) = \int_C u dx + iu dy + iv dx - v dy$$
$$= \int_C u dx - v dy + i \int_C v dx + u dy.$$

3.1.4 复变函数积分的计算——参数方程法

利用公式(3.1),可将复变函数积分转化为实函数的第二类曲线积分,而第二类曲线积分可以进一步转化为定积分.

设光滑曲线 C 的复参数方程为

$$z = z(t) = x(t) + iy(t) \quad (t: \alpha \to \beta).$$

则 $dz=[x'(t)+iy'(t)]dt, f(z)=f[z(t)]=u[x(t),y(t)]+iv[x(t),y(t)]$.

根据公式(3.1),得

$$\int_C f(z)dz = \int_C u(x,y)dx - v(x,y)dy + i \int_C v(x,y)dx + u(x,y)dy$$
$$= \int_\alpha^\beta \{u[x(t),y(t)]x'(t) - v[x(t),y(t)]y'(t)\}dt$$
$$+ i \int_\alpha^\beta \{v[x(t),y(t)]x'(t) + u[x(t),y(t)]y'(t)\}dt$$
$$= \int_\alpha^\beta \{\{u[x(t),y(t)]x'(t) - v[x(t),y(t)]y'(t)\}$$
$$+ i\{v[x(t),y(t)]x'(t) + u[x(t),y(t)]y'(t)\}\}dt$$
$$= \int_\alpha^\beta \{u[x(t),y(t)] + iv[x(t),y(t)]\}[x'(t) + iy'(t)]dt$$
$$= \int_\alpha^\beta f[z(t)]z'(t)dt,$$

即

$$\int_C f(z)dz = \int_\alpha^\beta f[z(t)]z'(t)dt. \tag{3.2}$$

公式(3.2)是我们计算复变函数积分的一种常用方法,常称为**参数方程法**.其关键在于正确表示出积分曲线 C 的复参数方程,同时需要注意的是,积分曲线 C 的起点与终点分别对应定积分的下限和上限,下限不一定小于上限.

如果积分曲线 C 是由 $C_1, C_2, \cdots, C_n$ 等光滑曲线依次连接而成的按段光滑曲线,则

$$\int_C f(z)dz = \int_{C_1} f(z)dz + \int_{C_2} f(z)dz + \cdots + \int_{C_n} f(z)dz.$$

例 1 计算 $\int_C \bar{z} dz$,其中 C(图 3.4)为

(1) 从原点到 $1+i$ 的直线段 C_1;

(2) 沿抛物线 $y=x^2$ 从原点到 $1+i$ 曲线段 C_2.

解 (1) 直线段 C_1 的复参数方程为
$$z = (1+i)t \quad (t:0 \to 1),$$
于是,$dz=(1+i)dt$,所以
$$\int_{C_1} \bar{z} dz = \int_0^1 (1-i)t(1+i)dt = 2\int_0^1 t dt = 1.$$

(2) 设 $x=t$,则 $y=t^2$,于是曲线段 C_2 的复参数方程为
$$z = z(t) = t + it^2 \quad (t:0 \to 1),$$
$dz=(1+2ti)dt$,于是
$$\int_C \bar{z} dz = \int_{C_2} \bar{z} dz = \int_0^1 (t-t^2 i)(1+2ti)dt = \int_0^1 [(t+2t^3 i) + t^2 i]dt = 1 + \frac{i}{3}.$$

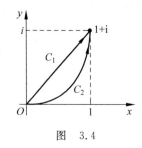

图 3.4

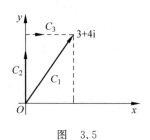

图 3.5

例 2 计算 $\int_C z dz$,其中 C(图 3.5)为

(1) 从原点到 $3+4i$ 的直线段 C_1;

(2) 从原点到点 $4i$ 的直线段 C_2,与从 $4i$ 到 $3+4i$ 的直线段 C_3 所连接而成的折线.

解 (1) 直线段 C_1 的参数方程为 $z=(3+4i)t(t:0\to 1)$,所以,$dz=(3+4i)dt$,于是
$$\int_C z dz = \int_{C_1} z dz = \int_0^1 (3+4i)^2 t dt = (3+4i)^2 \int_0^1 t dt = \frac{(3+4i)^2}{2} = -\frac{7}{2} + 12i.$$

(2) 直线段 C_2 与 C_3 的参数方程分别为
$$C_2: z = 4it(t:0 \to 1), \quad dz = 4i dt,$$
$$C_3: z = 4i + 3t(t:0 \to 1), \quad dz = 3 dt,$$
所以
$$\int_C z dz = \int_{C_2} z dz + \int_{C_3} z dz = \int_0^1 (i4t) \cdot 4i dt + \int_0^1 (3t+4i) \cdot 3 dt$$
$$= -16 \int_0^1 t dt + 9 \int_0^1 t dt + 12i \int_0^1 dt = -\frac{7}{2} + 12i.$$

例 2 的结果表明，$f(z)=z$ 沿 C_1 与 C_2+C_3 的积分值相同. 进一步，我们还可证明 $f(z)=z$ 沿连接原点到 $3+4i$ 的任何路径 C 的积分值都相同，即积分与路径无关，或者说沿复平面上任何闭曲线的积分为零. 事实上

$$\int_C z\,\mathrm{d}z = \int_C (x+\mathrm{i}y)(\mathrm{d}x+\mathrm{i}\mathrm{d}y) = \int_C x\,\mathrm{d}x - y\,\mathrm{d}y + \mathrm{i}\int_C y\,\mathrm{d}x + x\,\mathrm{d}y,$$

由格林公式可知，上式右端的两个曲线积分与路径无关，故 $\int_C z\,\mathrm{d}z$ 的值与积分路径无关.

例 3 计算 $\oint_C \dfrac{1}{(z-z_0)^{n+1}}\mathrm{d}z$，其中 C 是以 z_0 为中心，r 为半径的正向圆周 (图 3.6)，n 为整数.

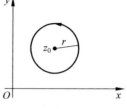

图 3.6

解 曲线 C 的复参数方程为

$$z = z_0 + re^{\mathrm{i}\theta}\,(\theta:0\to 2\pi),$$

所以 $\mathrm{d}z = \mathrm{i}re^{\mathrm{i}\theta}\mathrm{d}\theta$，于是

$$\oint_C \frac{1}{(z-z_0)^{n+1}}\mathrm{d}z = \int_0^{2\pi}\frac{1}{(re^{\mathrm{i}\theta})^{n+1}}\mathrm{i}re^{\mathrm{i}\theta}\mathrm{d}\theta$$

$$= \int_0^{2\pi}\frac{1}{r^{n+1}e^{\mathrm{i}(n+1)\theta}}\mathrm{i}re^{\mathrm{i}\theta}\mathrm{d}\theta$$

$$= \frac{\mathrm{i}}{r^n}\int_0^{2\pi}e^{-n\theta\mathrm{i}}\mathrm{d}\theta = \frac{\mathrm{i}}{r^n}\int_0^{2\pi}(\cos n\theta - \mathrm{i}\sin n\theta)\mathrm{d}\theta.$$

当 $n=0$ 时，

$$\oint_C \frac{1}{z-z_0}\mathrm{d}z = \mathrm{i}\int_0^{2\pi}(\cos 0 - \mathrm{i}\sin 0)\mathrm{d}\theta = \mathrm{i}\int_0^{2\pi}\mathrm{d}\theta = 2\pi\mathrm{i},$$

当 $n\ne 0$ 时，

$$\oint_C \frac{1}{(z-z_0)^{n+1}}\mathrm{d}z = \frac{\mathrm{i}}{r^n}\int_0^{2\pi}(\cos n\theta - \mathrm{i}\sin n\theta)\mathrm{d}\theta = 0,$$

所以

$$\oint_C \frac{1}{(z-z_0)^{n+1}}\mathrm{d}z = \begin{cases} 2\pi\mathrm{i}, & n=0 \\ 0, & n\ne 0 \end{cases}. \tag{3.3}$$

该结论非常重要，在计算复变函数沿封闭曲线的积分时经常用到，可作为一个公式应用. 其特点是积分值与圆心 z_0 和半径 r 无关. 事实上，下一节我们将看到，对包含 z_0 的任意简单闭曲线 C 而言，该结论都成立.

3.1.5 复变函数积分的基本性质

从积分的定义我们可以推导复变函数积分存在如下一些简单性质，它们与实变函数中第二类曲线积分的性质类似：

(1) $\int_C f(z)\mathrm{d}z = -\int_{C^-} f(z)\mathrm{d}z$;

(2) $\int_C kf(z)\mathrm{d}z = k\int_C f(z)\mathrm{d}z$ (k 为常数);

(3) $\int_C [f(z) \pm g(z)]\mathrm{d}z = \int_C f(z)\mathrm{d}z \pm \int_C g(z)\mathrm{d}z$;

(4) $\int_C f(z)\mathrm{d}z = \int_{C_1} f(z)\mathrm{d}z + \int_{C_2} f(z)\mathrm{d}z$ (其中 $C = C_1 + C_2$);

(5) (估值不等式)设曲线 C 的长度为 L,函数 $f(z)$ 在曲线 C 上满足 $|f(z)| \leqslant M$,则

$$\left|\int_C f(z)\mathrm{d}z\right| \leqslant \int_C |f(z)|\mathrm{d}s \leqslant ML.$$

证明 设 $|\Delta z_k|$ 表示 z_k 与 z_{k-1} 两点间的距离,Δs_k 表示该两点的弧长,显然 $|\Delta z_k| \leqslant \Delta s_k$,所以

$$\left|\sum_{k=1}^n f(\zeta_k)\Delta z_k\right| \leqslant \sum_{k=1}^n |f(\zeta_k)\Delta z_k| \leqslant \sum_{k=1}^n |f(\zeta_k)|\Delta s_k \leqslant ML.$$

两端取极限,得

$$\left|\int_C f(z)\mathrm{d}z\right| \leqslant \int_C |f(z)|\mathrm{d}s \leqslant ML.$$

例 4 证明 $\left|\int_C (x^2 + \mathrm{i}y^2)\mathrm{d}z\right| \leqslant \pi$,其中 C 为连接 $-\mathrm{i}$ 到 i 的右半圆周.

证明 设 C 的参数方程为

$$\begin{cases} x = \cos\theta \\ y = \sin\theta \end{cases}, \quad -\frac{\pi}{2} \leqslant \theta \leqslant \frac{\pi}{2},$$

则

$$|f(z)| = \sqrt{x^4 + y^4} = \sqrt{\cos^4\theta + \sin^4\theta} = \sqrt{1 - 2\cos^2\theta\sin^2\theta} = \sqrt{1 - \frac{1}{2}\sin^2 2\theta} \leqslant 1.$$

而 C 的长度为 π. 所以,由估值不等式得

$$\left|\int_C (x^2 + \mathrm{i}y^2)\mathrm{d}z\right| \leqslant \pi.$$

3.2 柯西-古萨定理与复合闭路定理

3.2.1 柯西-古萨定理

回忆 3.1 节所举的例子,例 1 中的被积函数 $f(z) = \bar{z} = x - \mathrm{i}y$ 在复平面内处处不解析,$\int_C \bar{z}\mathrm{d}z$ 的值与连接起点与终点的路线有关. 例 2 中的被积函数 $f(z) = z$ 在

复平面内处处解析,$\int_C z\mathrm{d}z$ 的值与积分路线无关,即沿任何封闭曲线的积分为零.

例 3 当 $n=0$ 时,被积函数 $f(z)=\dfrac{1}{z-z_0}$,它在以 z_0 为中心,r 为半径的圆周内不是处处解析,$\oint_C \dfrac{1}{z-z_0}\mathrm{d}z = 2\pi\mathrm{i} \neq 0$. 如果除去圆心 z_0,虽然此时被积函数 $f(z)=\dfrac{1}{z-z_0}$ 在区域 $0<|z-z_0|<r$ 内处处解析,但该区域不是单连通域.由此可见,复变函数的积分值是否与积分路线无关,或沿封闭曲线的积分是否为零,可能与被积函数的解析性和积分区域的单连通性有关.如下柯西-古萨定理,肯定地回答了上述问题.

定理 3.2(柯西-古萨定理) 如果函数 $f(z)$ 在单连通域 D 内处处解析,则函数 $f(z)$ 沿 D 内任意一条封闭曲线 C(图 3.7)的积分为零,即

$$\oint_C f(z)\mathrm{d}z = 0.$$

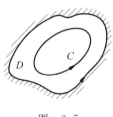
图 3.7

图 3.8

证明 我们仅在假设"$f'(z)$ 在 D 内连续"和 C 为简单闭曲线的条件下(实际上该假设是多余的),证明定理的结论.

令 $f(z)=u+\mathrm{i}v$,由公式(3.1)得

$$\int_C f(z)\mathrm{d}z = \int_C u\mathrm{d}x - v\mathrm{d}y + \mathrm{i}\int_C v\mathrm{d}x + u\mathrm{d}y.$$

由于 $f'(z)$ 在 D 内连续,所以 u,v 的一阶偏导 u_x,u_y,v_x,v_y 存在且连续,并满足 C-R 方程

$$u_x = v_y, \quad u_y = -v_x.$$

于是由格林公式有

$$\int_C u\mathrm{d}x - v\mathrm{d}y = \iint_D (-v_x - u_y)\mathrm{d}x\mathrm{d}y = 0, \quad \int_C v\mathrm{d}x + u\mathrm{d}y = \iint_D (u_x - v_y)\mathrm{d}x\mathrm{d}y = 0.$$

因此

$$\oint_C f(z)\mathrm{d}z = 0.$$

注意 定理 3.2 中的积分曲线 C 不一定要求是简单闭曲线.事实上,对任意一条封闭曲线 C,都可以看作是由有限多条简单闭曲线 $C_1,C_2,\cdots,C_n$ 衔接而成,如图 3.8 所示.

柯西-古萨定理是研究复变函数解析性的理论基础,它是由法国数学家柯西(Cauchy)于1825年提出来的,又称为柯西积分定理. 1900年,法国数学家古萨(Goursat)给出了完整的证明,但证明过程较复杂,我们略去其完整的证明. 柯西-古萨定理为计算复变函数沿封闭曲线的积分提供了一种简单方法,但在实际应用中,利用其等价形式更为方便.

定理 3.2′(柯西-古萨定理的等价形式) 设 C 为封闭曲线,$f(z)$ 在 C 及其内部解析,则 $f(z)$ 沿封闭曲线 C 的积分为零. 即

$$\oint_C f(z)\mathrm{d}z = 0.$$

例 1 计算 $\oint_{|z|=1} \dfrac{1}{z-2}\mathrm{d}z$.

解 因为 $f(z) = \dfrac{1}{z-2}$ 在 $|z| \leqslant 1$ 内解析,由柯西-古萨定理,得

$$\oint_{|z|=1} \frac{1}{z-2}\mathrm{d}z = 0.$$

3.2.2 复合闭路定理

柯西-古萨定理可以推广到多连通域的情形,为方便叙述,我们先引入复合闭路的概念.

定义 3.2 设 C 为一简单闭曲线,$C_1, C_2, \cdots, C_n$ 是 C 内部的简单闭曲线,它们互不相交互不包含,以 $C, C_1, C_2, \cdots, C_n$ 为边界构成了一个多连通域 D(图 3.9),则称多连通域 D 的边界 $\Gamma = C + C_1^- + C_2^- + \cdots + C_n^-$ 为**复合闭路**.

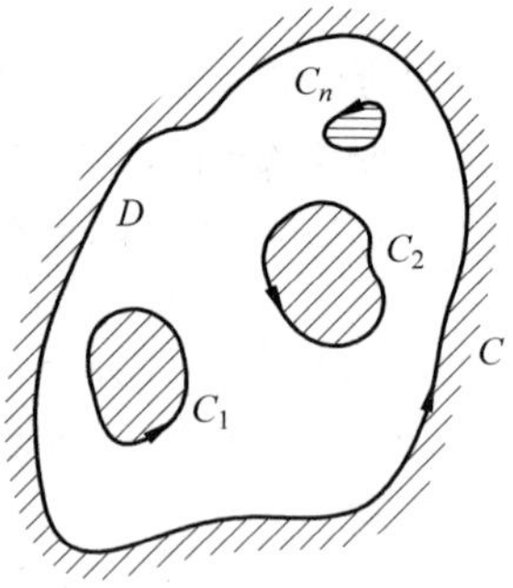

我们规定复合闭路的正方向为:当观察者沿复合闭路的正方向绕行时,区域 D 中邻近观察者的点总位于他的左手边. 即外边界 C 取逆时针方向,内边界 $C_1, C_2, \cdots, C_n$ 取顺时针方向.

图 3.9

定理 3.3(复合闭路定理) 设 D 为复合闭路 $\Gamma = C + C_1^- + C_2^- + \cdots + C_n^-$ 所围成的多连通域,$f(z)$ 在 $\overline{D} = D + \Gamma$ 上解析,则

(1) $\oint_\Gamma f(z)\mathrm{d}z = 0,$ (3.4)

其中 Γ 为复合闭路的正方向,即 C 取逆时针方向,$C_1, C_2, \cdots, C_n$ 取顺时针方向.

(2) $\oint_C f(z)\mathrm{d}z = \sum_{k=1}^{n} \oint_{C_k} f(z)\mathrm{d}z.$ (3.5)

其中 C 及 $C_1, C_2, \cdots, C_n$ 均取正方向,即均取逆时针方向.

证明 不失一般性,我们证明 $n=2$ 的情形. 分别在曲线 C, C_1, C_2 上取两点(图 3.10),用光滑弧段连接 AB, EF, GH,且这些弧段除端点之外,均在区域 D 内. 则弧段 AB, EF, GH 将区域 D 划分成了两个单连通域,于是由柯西-古萨定理的等价形式,得

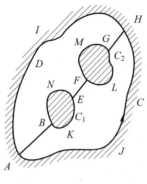

图 3.10

$$\oint_{\overline{ABNEFMGHIA}} f(z)\mathrm{d}z = 0, \quad \oint_{\overline{AJHGLFEKBA}} f(z)\mathrm{d}z = 0.$$

因此

$$\int_{AB} f(z)\mathrm{d}z + \int_{\overset{\frown}{BNE}} f(z)\mathrm{d}z + \int_{EF} f(z)\mathrm{d}z + \int_{\overset{\frown}{FMG}} f(z)\mathrm{d}z + \int_{GH} f(z)\mathrm{d}z + \int_{\overset{\frown}{HIA}} f(z)\mathrm{d}z = 0,$$

$$\int_{\overset{\frown}{AJH}} f(z)\mathrm{d}z + \int_{HG} f(z)\mathrm{d}z + \int_{\overset{\frown}{GLF}} f(z)\mathrm{d}z + \int_{FE} f(z)\mathrm{d}z + \int_{\overset{\frown}{EKB}} f(z)\mathrm{d}z + \int_{BA} f(z)\mathrm{d}z = 0,$$

两式相加,得

$$\int_{\overset{\frown}{AJH}} f(z)\mathrm{d}z + \int_{\overset{\frown}{HIA}} f(z)\mathrm{d}z + \int_{\overset{\frown}{BNE}} f(z)\mathrm{d}z + \int_{\overset{\frown}{EKB}} f(z)\mathrm{d}z + \int_{\overset{\frown}{FMG}} f(z)\mathrm{d}z + \int_{\overset{\frown}{GLF}} f(z)\mathrm{d}z = 0,$$

即

$$\oint_C f(z)\mathrm{d}z + \oint_{C_1^-} f(z)\mathrm{d}z + \oint_{C_2^-} f(z)\mathrm{d}z = 0$$

或

$$\oint_C f(z)\mathrm{d}z = \oint_{C_1} f(z)\mathrm{d}z + \oint_{C_2} f(z)\mathrm{d}z.$$

设 $f(z)$ 在区域 D 内解析,C_1 和 C_2 为 D 内的任意两条简单闭曲线,C_2 在 C_1 的内部(图 3.11),则 $f(z)$ 在以 C_1 和 C_2 为边界的复连通域 D_1 内及边界上解析,由复合闭路定理的等价形式,得

$$\oint_{C_1} f(z)\mathrm{d}z = \oint_{C_2} f(z)\mathrm{d}z.$$

该等式表明了如下一个重要事实：

定理 3.4（闭路变形原理） 设 $f(z)$ 为区域 D 内的解析函数，C 为区域 D 内的任意一条封闭曲线，则积分 $\oint_C f(z)\mathrm{d}z$ 不因封闭曲线 C 在区域内作连续变形而改变它的值，只要在变形过程中封闭曲线 C 不经过函数 $f(z)$ 的不解析点．

例 2 计算积分 $\oint_{C=C_1+C_2} \dfrac{\mathrm{e}^z}{z^3}\mathrm{d}z$，其中 C_1：$|z|=R$，方向取逆时针方向；C_2：$|z|=r$，方向取顺时针方向，$0<r<R$（图 3.12）．

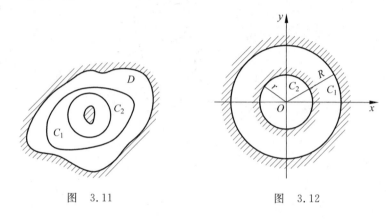

图 3.11   图 3.12

解 因为 $\dfrac{\mathrm{e}^z}{z^3}$ 在 C_1，C_2 及所围成的圆环内解析，则由复合闭路定理，得

$$\oint_{C=C_1+C_2} \frac{\mathrm{e}^z}{z^3}\mathrm{d}z = 0.$$

例 3 计算 $\oint_C \dfrac{1}{(z-z_0)^{n+1}}\mathrm{d}z$，其中 C 为包含 z_0 的任意简单闭曲线，n 为整数．

解 以 z_0 为圆心，r 为半径，在 C 的内部作小圆周 C_1：$|z-z_0|=r$，（图 3.13），则由复合闭路定理和 3.1 节例 3 的结论，得

$$\oint_C \frac{1}{(z-z_0)^{n+1}}\mathrm{d}z = \oint_{C_1} \frac{1}{(z-z_0)^{n+1}}\mathrm{d}z = \begin{cases} 2\pi\mathrm{i}, & n=0 \\ 0, & n\neq 0 \end{cases}.$$

例 4 计算 $\oint_C \dfrac{2z-1}{z^2-z}\mathrm{d}z$，其中 C 为包含 0 与 1 的任意简单闭曲线．

解 方法一 因为 $\dfrac{2z-1}{z^2-z} = \dfrac{z+(z-1)}{z(z-1)} = \dfrac{1}{z} + \dfrac{1}{z-1}$，

$$\oint_C \frac{2z-1}{z^2-z}\mathrm{d}z = \oint_C \left(\frac{1}{z}+\frac{1}{z-1}\right)\mathrm{d}z = \oint_C \frac{1}{z}\mathrm{d}z + \oint_C \frac{1}{z-1}\mathrm{d}z = 2\pi\mathrm{i} + 2\pi\mathrm{i} = 4\pi\mathrm{i}.$$

方法二 因被积函数 $f(z) = \dfrac{2z-1}{z^2-z}$ 在 C 内有两个不解析点 $z=0$ 及 $z=1$，所以

在 C 内,分别以 $z=0$ 与 $z=1$ 为圆心,作两个互不相交的小圆周 C_1 与 C_2(如图 3.14),则由复合闭路定理有

$$\oint_C \frac{2z-1}{z^2-z}dz = \oint_{C_1} \frac{2z-1}{z^2-z}dz + \oint_{C_2} \frac{2z-1}{z^2-z}dz$$

$$= \oint_{C_1} \frac{1}{z-1}dz + \oint_{C_1} \frac{1}{z}dz + \oint_{C_2} \frac{1}{z-1}dz + \oint_{C_2} \frac{1}{z}dz$$

$$= 0 + 2\pi i + 2\pi i + 0 = 4\pi i.$$

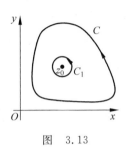

图 3.13

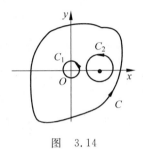

图 3.14

3.3 原函数与不定积分

3.3.1 变上限积分

由柯西-古萨定理我们知道,如果 $f(z)$ 在单连通域 D 内解析,则 $f(z)$ 沿 D 内任意一条封闭曲线 C 的积分为零,即积分与路径无关,所以根据柯西-古萨定理,可推导如下定理成立.

定理 3.5 设函数 $f(z)$ 在单连通域 D 内解析,则 $\int_C f(z)dz$ 与连接起点与终点的路线无关.

证明 设 z_0 与 z_1 为 D 内任意两点,C_1 与 C_2 为 D 内连接 z_0 与 z_1 的任意两条积分路线(图 3.15),则由柯西-古萨定理,得

$$\int_{C_1} f(z)dz - \int_{C_2} f(z)dz = \oint_{C_1+C_2^-} f(z)dz = 0,$$

即

$$\int_{C_1} f(z)dz = \int_{C_2} f(z)dz.$$

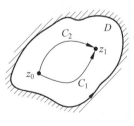

图 3.15

又由 C_1 与 C_2 的任意性可知,定理 3.5 成立.

当积分 $\int_C f(\xi)d\xi$ 与路线无关时,我们把 $\int_C f(\xi)d\xi$ 约定写成

$$\int_{z_0}^{z_1} f(\zeta)\mathrm{d}\zeta$$

并把 z_0 和 z_1 分别称为积分的下限和上限. 固定下限 z_0，而让上限 z_1 在 D 内变动，并令 $z_1=z$，则积分 $\int_{z_0}^{z} f(\zeta)\mathrm{d}\zeta$ 在 D 内确定了一个单值函数 $\Phi(z)$，即

$$\Phi(z) = \int_{z_0}^{z} f(\zeta)\mathrm{d}\zeta.$$

对该变上限积分，它具有如下重要性质：

定理 3.6 如果 $f(z)$ 在单连通域 D 内处处解析，则变上限积分 $\Phi(z)=\int_{z_0}^{z} f(\zeta)\mathrm{d}\zeta$ 在 D 内解析，且 $\Phi'(z)=f(z)$.

证明 设 z 为区域 D 内任意一点，以 z 为圆心作一个完全含于 D 的小圆，在小圆内取动点 $z+\Delta z$(图 3.16)，则

$$\Phi(z+\Delta z)-\Phi(z) = \int_{z_0}^{z+\Delta z} f(\zeta)\mathrm{d}\zeta - \int_{z_0}^{z} f(\zeta)\mathrm{d}\zeta.$$

由于 $f(z)$ 在 D 内解析，积分与路线无关，$\int_{z_0}^{z+\Delta z} f(\zeta)\mathrm{d}\zeta$ 的积分路线先取从 z_0 到 z，然后再取从 z 到 $z+\Delta z$ 的直线段，而从 z_0 到 z 的积分路线与 $\int_{z_0}^{z} f(\zeta)\mathrm{d}\zeta$ 的积分路线相同. 于是

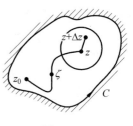

图 3.16

$$\Phi(z+\Delta z)-\Phi(z) = \int_{z_0}^{z+\Delta z} f(\zeta)\mathrm{d}\zeta - \int_{z_0}^{z} f(\zeta)\mathrm{d}\zeta = \int_{z}^{z+\Delta z} f(\zeta)\mathrm{d}\zeta.$$

又因为 $f(z)$ 是与积分变量 ζ 无关的一个定值，所以

$$\int_{z}^{z+\Delta z} f(z)\mathrm{d}\zeta = f(z)\int_{z}^{z+\Delta z} \mathrm{d}\zeta = f(z)\Delta z,$$

于是

$$\frac{\Phi(z+\Delta z)-\Phi(z)}{\Delta z} - f(z) = \frac{\int_{z}^{z+\Delta z} f(\zeta)\mathrm{d}\zeta - \int_{z}^{z+\Delta z} f(z)\mathrm{d}\zeta}{\Delta z}$$

$$= \frac{\int_{z}^{z+\Delta z} [f(\zeta)-f(z)]\mathrm{d}\zeta}{\Delta z}.$$

由于 $f(z)$ 在 D 内解析，所以 $f(z)$ 在 D 内连续. 因此，对任意 $\varepsilon>0$，存在 $\delta>0$，使得当 $|\zeta-z|<\delta$ 时，总有

$$|f(\zeta)-f(z)|<\varepsilon.$$

根据积分估值不等式，得

$$\left|\frac{\Phi(z+\Delta z)-\Phi(z)}{\Delta z}-f(z)\right|=\left|\frac{\int_z^{z+\Delta z}[f(\zeta)-f(z)]\mathrm{d}\zeta}{\Delta z}\right|\leqslant\frac{\int_z^{z+\Delta z}|f(\zeta)-f(z)|\mathrm{d}s}{|\Delta z|}$$

$$<\frac{\varepsilon\int_z^{z+\Delta z}\mathrm{d}s}{|\Delta z|}=\frac{\varepsilon|\Delta z|}{|\Delta z|}=\varepsilon,$$

即

$$\lim_{\Delta z\to 0}\frac{\Phi(z+\Delta z)-\Phi(z)}{\Delta z}=f(z).$$

于是 $\Phi'(z)=f(z)$.

下面我们定义复变函数的原函数与不定积分.

3.3.2 原函数与不定积分

定义 3.3 在区域 D 内,如果 $F'(z)=f(z)$,则称 $F(z)$ 为 $f(z)$ 在区域 D 内的一个**原函数**.

关于原函数需要注意如下几点:

(1) 变上限积分 $\Phi(z)=\int_{z_0}^z f(\zeta)\mathrm{d}\zeta$ 是 $f(z)$ 的一个原函数.

(2) 如果 $f(z)$ 有一个原函数 $F(z)$,由于 $[F(z)+C]'=f(z)$,所以 $F(z)+C$ 也是 $f(z)$ 的原函数(其中 C 为任意常数),因此 $f(z)$ 有无穷多个原函数.

(3) 如果 $F(z)$ 是 $f(z)$ 的一个原函数,则 $f(z)$ 的全体原函数可表示为 $F(z)+C$ (其中 C 为任意常数). 事实上,若 $G(z)$ 也是 $f(z)$ 的原函数,则 $[G(z)-F(z)]'=G'(z)-F'(z)=f(z)-f(z)=0$,所以 $G(z)-F(z)=C$,从而 $f(z)$ 的全体原函数可表示为 $F(z)+C$.

定义 3.4 $f(z)$ 的全体原函数 $F(z)+C$ 称为 $f(z)$ 的**不定积分**,记作

$$\int f(z)\mathrm{d}z=F(z)+C. \tag{3.6}$$

定义了原函数后,我们可利用原函数来求复变函数的积分,即在复数域内,牛顿-莱布尼茨公式仍然成立,且求原函数的方法与高等数学完全类似.

定理 3.7(牛顿-莱布尼茨公式) 设 $f(z)$ 在区域 D 解析,$F(z)$ 是 $f(z)$ 一个原函数,则

$$\int_{z_0}^{z_1} f(z)\mathrm{d}z=F(z_1)-F(z_0)=F(z)\Big|_{z_0}^{z_1}, \tag{3.7}$$

其中 z_0 与 z_1 为区域 D 的两点.

证明 因为 $\Phi(z)=\int_{z_0}^z f(\zeta)\mathrm{d}\zeta$ 与 $F(z)$ 均是 $f(z)$ 的原函数,所以存在一个常数 C,使得

$$\int_{z_0}^{z} f(\zeta)\mathrm{d}\zeta = F(z) + C.$$

当 $z = z_0$ 时,代入上式得 $C = -F(z_0)$,于是

$$\int_{z_0}^{z} f(\zeta)\mathrm{d}\zeta = F(z) - F(z_0).$$

令 $z = z_1$,得

$$\int_{z_0}^{z_1} f(\zeta)\mathrm{d}\zeta = F(z_1) - F(z_0).$$

因此

$$\int_{z_0}^{z_1} f(z)\mathrm{d}z = F(z_1) - F(z_0).$$

例 1　求积分 $\int_0^{3+4\mathrm{i}} z\mathrm{d}z$ 的值.

解　因为 z 在复平面内处处解析,所以积分与路径无关,则

$$\int_0^{3+4\mathrm{i}} z\mathrm{d}z = \frac{z^2}{2}\Big|_0^{3+4\mathrm{i}} = \frac{(3+4\mathrm{i})^2}{2} = -\frac{7}{2} + 12\mathrm{i}.$$

与 3.1 节例 2 相比较可以看出,当积分与路径无关时,用牛顿-莱布尼茨公式求积分比用参数方程法要简单.

例 2　计算积分 $\int_0^1 z\sin z\mathrm{d}z$ 的值.

解　因为 $z\sin z$ 在复平面内处处解析,所以积分与路径无关,则

$$\int_0^1 z\sin z\mathrm{d}z = -\int_0^1 z\mathrm{d}\cos z = -z\cos z\Big|_0^1 + \int_0^1 \cos z\mathrm{d}z$$
$$= -\cos 1 + \sin z\Big|_0^1 = \sin 1 - \cos 1.$$

例 3　计算积分 $\int_C \frac{\ln(z+1)}{z+1}\mathrm{d}z$,其中 C 为沿 $|z| = 1$ 从 1 到 i,方向为逆时针方向.

解　因为 $\frac{\ln(z+1)}{z+1}$ 在复平面内除负实轴上的一段 $x \leqslant -1$ 外的区域 D 上处处解析,所以在任意不包含 $x \leqslant -1$ 的单连通域内积分与路径无关,则

$$\int_C \frac{\ln(z+1)}{z+1}\mathrm{d}z = \int_1^{\mathrm{i}} \ln(z+1)\mathrm{d}\ln(z+1) = \frac{1}{2}\ln^2(z+1)\Big|_1^{\mathrm{i}}$$
$$= \frac{1}{2}\ln^2(1+\mathrm{i}) - \frac{1}{2}\ln^2 2$$
$$= \frac{1}{2}\left(\ln\sqrt{2} + \mathrm{i}\frac{\pi}{4}\right)^2 - \frac{1}{2}\ln^2 2$$
$$= -\frac{\pi^2}{32} - \frac{3}{8}\ln^2 2 + \frac{\pi\ln 2}{8}\mathrm{i}.$$

3.4 柯西积分公式

利用复合闭路定理,我们可以推导出解析函数的积分表达式,即柯西积分公式,它是研究解析函数的有力工具.

定理 3.8(柯西积分公式) 设 $f(z)$ 在区域 D 内解析,C 为区域 D 内任意一条简单闭曲线,它的内部完全含于 D,z_0 为 C 内的任意一点,则

$$f(z_0) = \frac{1}{2\pi i}\oint_C \frac{f(z)}{z-z_0}\mathrm{d}z. \qquad (3.8)$$

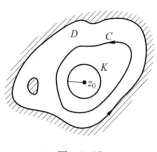

图 3.17

证明 由于 $f(z)$ 在区域 D 内解析,所以 $f(z)$ 在 z_0 连续. 对任意给定的 $\varepsilon > 0$,存在 $\delta > 0$,当 $|z-z_0| < \delta$ 时,使得 $|f(z) - f(z_0)| < \varepsilon$. 以 z_0 为圆心,$R(0 < R < \delta)$ 为半径作圆周 $K: |z - z_0| = R$,并使圆周 K 完全含于 C 的内部(图 3.17).则

$$\begin{aligned}\oint_C \frac{f(z)}{z-z_0}\mathrm{d}z &= \oint_K \frac{f(z)}{z-z_0}\mathrm{d}z \\ &= \oint_K \frac{f(z) - f(z_0) + f(z_0)}{z-z_0}\mathrm{d}z \\ &= f(z_0)\oint_K \frac{1}{z-z_0}\mathrm{d}z + \oint_K \frac{f(z) - f(z_0)}{z-z_0}\mathrm{d}z \\ &= 2\pi i f(z_0) + \oint_K \frac{f(z) - f(z_0)}{z-z_0}\mathrm{d}z.\end{aligned}$$

又根据估值不等式

$$0 \leqslant \left|\oint_K \frac{f(z) - f(z_0)}{z-z_0}\mathrm{d}z\right| \leqslant \oint_K \left|\frac{f(z) - f(z_0)}{z-z_0}\right|\mathrm{d}s = \oint_K \frac{|f(z) - f(z_0)|}{R}\mathrm{d}s$$

$$< \frac{\varepsilon}{R}\oint_K \mathrm{d}s = 2\pi\varepsilon \to 0(\varepsilon \to 0),$$

从而

$$\oint_K \frac{f(z) - f(z_0)}{z-z_0}\mathrm{d}z = 0.$$

因此

$$\oint_C \frac{f(z)}{z-z_0}\mathrm{d}z = 2\pi i f(z_0).$$

在柯西积分公式中,等式左端 $f(z_0)$ 表示函数在 C 内部任意一点处的函数值,等式右端的 $f(z)$ 为边界 C 上的函数值. 所以,解析函数在解析区域内部任意一点处的函数值可用它边界上的函数值来表示. 换句话说,如果 $f(z)$ 在解析区域边界上的函

数值一经确定,那么它在解析区域内部任意一点处的函数值也就确定. 这是解析函数的一个重要特征,而实变函数无此性质.

例如,若解析函数 $f(z)$ 在简单闭曲线 C 上的值恒为常数 k,则由柯西积分公式,对 C 内的任意一点 z_0,有

$$f(z_0) = \frac{1}{2\pi i}\oint_C \frac{f(z)}{z-z_0}dz = \frac{1}{2\pi i}\oint_C \frac{k}{z-z_0}dz = \frac{k}{2\pi i}2\pi i = k.$$

即 $f(z)$ 在曲线 C 内部的值也恒为常数 k.

又如:如果 C 为圆周:$|z-a|=r$,即 $z=a+re^{i\theta}(0<\theta<2\pi)$,则由柯西积分公式有

$$f(a) = \frac{1}{2\pi i}\oint_C \frac{f(z)}{z-a}dz = \frac{1}{2\pi i}\int_0^{2\pi} \frac{f(a+re^{i\theta})}{re^{i\theta}}ire^{i\theta}d\theta = \frac{1}{2\pi}\int_0^{2\pi} f(a+re^{i\theta})d\theta.$$

即解析函数在圆心处的函数值等于它在圆周上的平均值.

如果函数 $f(z)$ 在简单闭曲线 C 及 C 的内部解析,那么柯西积分公式仍然成立,即为下面定理.

定理 3.9 设 C 为简单闭曲线,z_0 为 C 内部任意一点. 如果函数 $f(z)$ 在简单闭曲线 C 及其内部解析,则

$$\oint_C \frac{f(z)}{z-z_0}dz = 2\pi i f(z_0). \tag{3.9}$$

公式(3.9)是计算复变函数沿封闭曲线的积分的一种重要方法.

例 1 计算积分 $\oint_C \frac{\cos z}{z}dz$ 的值,其中 C:$|z|=1$,方向为逆时针方向.

解 因为 $\cos z$ 在 $|z|\leqslant 1$ 内解析,0 为 C 内部一点,所以由柯西积分公式得

$$\oint_{|z|=1} \frac{\cos z}{z}dz = 2\pi i \cdot \cos z\Big|_{z=0} = 2\pi i.$$

例 2 计算积分 $\oint_{|z|=2} \frac{z}{(z^2-9)(z+i)}dz$ 的值.

解 因为 $f(z)=\frac{z}{z^2-9}$ 在 $|z|=2$ 及内部解析,所以由柯西积分公式得

$$\oint_{|z|=2} \frac{z}{(z^2-9)(z+i)}dz = \oint_{|z|=2} \frac{\frac{z}{z^2-9}}{z+i}dz = 2\pi i \cdot \frac{z}{z^2-9}\Big|_{z=-i} = -\frac{\pi}{5}.$$

例 3 计算 $\oint_{|z|=2} \frac{2z-1}{z^2-z}dz$ 的值.

解 $z=0$ 及 $z=1$ 是被积函数的两个奇点,分别以 $z=0$ 与 $z=1$ 为圆心,作两个

互不相交互不包含的小圆周 C_1 与 C_2(图 3.18),则由复合闭路定理有

$$\oint_{|z|=2}\frac{2z-1}{z^2-z}\mathrm{d}z = \oint_{C_1}\frac{2z-1}{z^2-z}\mathrm{d}z + \oint_{C_2}\frac{2z-1}{z^2-z}\mathrm{d}z$$

$$= \oint_{C_1}\frac{\frac{2z-1}{z-1}}{z}\mathrm{d}z + \oint_{C_2}\frac{\frac{2z-1}{z}}{z-1}\mathrm{d}z$$

$$= 2\pi\mathrm{i} \cdot \left.\frac{2z-1}{z-1}\right|_{z=0} + 2\pi\mathrm{i} \cdot \left.\frac{2z-1}{z}\right|_{z=1}$$

$$= 4\pi\mathrm{i}.$$

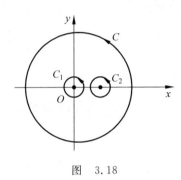

图 3.18

3.5 解析函数的高阶导数

我们知道,一个实变函数在某一区间可导,它的导函数并不一定可导,即它的二阶导数不一定存在.但在复变函数中,一个解析函数的导数仍是解析函数,因而具有任意阶高阶导数.关于解析函数的高阶导数,我们有如下定理.

定理 3.10 设 $f(z)$ 在区域 D 内解析,z_0 为 D 内的任意一点,C 为区域 D 内包含 z_0 的任意一条简单闭曲线,它的内部完全含于 D,则 $f(z)$ 在区域 D 内有任意阶导数,且

$$f^{(n)}(z_0) = \frac{n!}{2\pi\mathrm{i}}\oint_C \frac{f(z)}{(z-z_0)^{n+1}}\mathrm{d}z. \tag{3.10}$$

证明 为简单起见,我们仅证明 $n=1$ 的情形,即证明

$$f'(z_0) = \frac{1}{2\pi\mathrm{i}}\oint_C \frac{f(z)}{(z-z_0)^2}\mathrm{d}z.$$

根据导数的定义

$$f'(z_0) = \lim_{\Delta z \to 0}\frac{f(z_0+\Delta z)-f(z_0)}{\Delta z}.$$

又 $f(z)$ 满足柯西积分公式,于是

$$f(z_0) = \frac{1}{2\pi i}\oint_C \frac{f(z)}{z-z_0}dz, \quad f(z_0+\Delta z) = \frac{1}{2\pi i}\oint_C \frac{f(z)}{z-z_0-\Delta z}dz.$$

所以

$$\frac{f(z_0+\Delta z)-f(z_0)}{\Delta z} = \frac{\frac{1}{2\pi i}\oint_C \frac{f(z)}{z-z_0-\Delta z}dz - \frac{1}{2\pi i}\oint_C \frac{f(z)}{z-z_0}dz}{\Delta z}$$

$$= \frac{\frac{1}{2\pi i}\oint_C \left(\frac{f(z)}{z-z_0-\Delta z} - \frac{f(z)}{z-z_0}\right)dz}{\Delta z}$$

$$= \frac{1}{2\pi i}\oint_C \frac{f(z)}{(z-z_0)(z-z_0-\Delta z)}dz$$

$$= \frac{1}{2\pi i}\oint_C \left[\frac{f(z)}{(z-z_0)^2} + \frac{\Delta z f(z)}{(z-z_0)^2(z-z_0-\Delta z)}\right]dz$$

$$= \frac{1}{2\pi i}\oint_C \frac{f(z)}{(z-z_0)^2}dz + \frac{1}{2\pi i}\oint_C \frac{\Delta z f(z)}{(z-z_0)^2(z-z_0-\Delta z)}dz.$$

令 $I = \frac{1}{2\pi i}\oint_C \frac{\Delta z f(z)}{(z-z_0)^2(z-z_0-\Delta z)}dz$，则由估值不等式有

$$|I| = \frac{1}{2\pi}\left|\oint_C \frac{\Delta z f(z)}{(z-z_0)^2(z-z_0-\Delta z)}dz\right|$$

$$\leqslant \frac{1}{2\pi}\oint_C \left|\frac{\Delta z f(z)}{(z-z_0)^2(z-z_0-\Delta z)}\right|ds = \frac{1}{2\pi}\oint_C \frac{|\Delta z||f(z)|}{|z-z_0|^2|z-z_0-\Delta z|}ds.$$

因为 $f(z)$ 在区域 D 内解析，所以在 C 上连续，从而有界，即存在一个 $M>0$，使得在 C 上 $|f(z)|\leqslant M$. 又设 z_0 到曲线 C 的最短距离为 d，则在 C 上 $|z-z_0|\geqslant d$. 取 Δz 充分的小，使得 $|\Delta z|<\dfrac{d}{2}$，则

$$|z-z_0-\Delta z| \geqslant |z-z_0| - |\Delta z| > \frac{d}{2}.$$

于是

$$|I| \leqslant \frac{1}{2\pi}\oint_C \frac{|\Delta z||f(z)|}{|z-z_0|^2|z-z_0-\Delta z|}ds < \frac{1}{2\pi}\oint_C \frac{|\Delta z|M}{d^2 \frac{d}{2}}ds = \frac{ML}{\pi d^3}|\Delta z|,$$

其中 L 为曲线 C 的弧长. 当 $\Delta z\to 0$ 时，$I\to 0$. 因此

$$f'(z_0) = \lim_{\Delta z\to 0}\frac{f(z_0+\Delta z)-f(z_0)}{\Delta z} = \frac{1}{2\pi i}\oint_C \frac{f(z)}{(z-z_0)^2}dz.$$

定理 3.9 证明了解析函数的导数仍是解析函数，因而具有任意阶高阶导数，且它的值可以用边界上的值通过积分表示出来. 但高阶导数公式(3.10)不是通过积分来求高阶导数，而是通过高阶导数求封闭曲线的积分. 事实上，由定理 3.9 可推导出如下常用结论.

推论 设 C 为简单闭曲线，z_0 为 C 内一点，$f(z)$ 在 C 及其内部解析，则

$$\oint_C \frac{f(z)}{(z-z_0)^{n+1}} dz = \frac{2\pi i}{n!} f^{(n)}(z_0). \tag{3.11}$$

例1 计算下列积分：

(1) $\oint_{|z-i|=1} \frac{z^4}{(z-i)^3} dz$； (2) $\oint_{|z|=2} \frac{e^z \sin z}{z^2} dz$.

解 (1) 因 z^4 在 $|z-i| \leqslant 1$ 内解析，i 为其内部一点，则由公式(3.11)，得

$$\oint_{|z-i|=1} \frac{z^4}{(z-i)^3} dz = \frac{2\pi i}{2!}(z^4)'' \Big|_{z=i} = 12\pi i \cdot z^2 \Big|_{z=i} = -12\pi i.$$

(2) 因 $e^z \sin z$ 在 $|z| \leqslant 2$ 内解析，0 为其内部一点，则

$$\oint_{|z|=2} \frac{e^z \sin z}{z^2} dz = \frac{2\pi i}{1!}(e^z \sin z)' \Big|_{z=0} = 2\pi i \cdot (e^z \sin z + e^z \cos z)\Big|_{z=0} = 2\pi i.$$

例2 计算积分 $\oint_{|z|=2} \frac{5z-2}{z(z-1)^2} dz$ 的值.

解 被积函数 $\frac{5z-2}{z(z-1)^2}$ 在 $|z| \leqslant 2$ 内有两个奇点 0 和 1，分别以这两个奇点为圆心，在 $|z| \leqslant 2$ 内作互不相交互不包含的两个圆周 C_1 和 C_2（如图 3.19），则由复合闭路定理，得

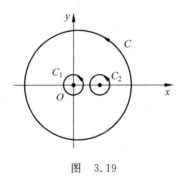

图 3.19

$$\oint_{|z|=2} \frac{5z-2}{z(z-1)^2} dz = \oint_{C_1} \frac{5z-2}{z(z-1)^2} dz + \oint_{C_2} \frac{5z-2}{z(z-1)^2} dz$$

$$= \oint_{C_1} \frac{\frac{5z-2}{(z-1)^2}}{z} dz + \oint_{C_2} \frac{\frac{5z-2}{z}}{(z-1)^2} dz$$

$$= 2\pi i \frac{5z-2}{(z-1)^2}\Big|_{z=0} + \frac{2\pi i}{1!}\left(\frac{5z-2}{z}\right)'\Big|_{z=1}$$

$$= -4\pi i + 2\pi i \cdot \frac{2}{z^2}\Big|_{z=1} = -4\pi i + 4\pi i = 0.$$

例3 设 $f(z) = u(x,y) + iv(x,y)$ 在区域 D 内解析，证明：$u(x,y)$ 与 $v(x,y)$ 在

区域 D 内存在二阶连续偏导.

证明 因为 $f(z)=u(x,y)+\mathrm{i}v(x,y)$ 在区域 D 内解析,所以 $u(x,y)$ 与 $v(x,y)$ 在区域 D 一阶偏导存在,且由求导公式,得

$$f'(z) = u_x + \mathrm{i}v_x = v_y - \mathrm{i}u_y,$$

由于解析函数的导数仍为解析函数,所以 $f'(z)=u_x+\mathrm{i}v_x=v_y-\mathrm{i}u_y$ 在区域 D 内也解析,于是 u_x,u_y,v_x 及 v_y 连续,并且 u_x,u_y,v_x 及 v_y 的偏导存在,即 $u(x,y)$ 与 $v(x,y)$ 的二阶偏导存在. 又 $f''(z)=u_{xx}+\mathrm{i}v_{xx}$ 为解析函数,故 u_{xx} 与 v_{xx} 连续. 同理,利用求导公式的其他形式,可证明其余二阶偏导连续. 以此类推,可证明解析函数的实部与虚部具有任意阶的连续偏导.

3.6 解析函数与调和函数的关系

在 3.5 节,我们证明了函数 $f(z)=u+\mathrm{i}v$ 在区域 D 内解析时,它的导数仍为解析函数,因而具有任意阶高阶导数,从而 u 与 v 具有任意阶连续偏导数. 现在我们来研究如何选择 u 与 v 才能使 $u+\mathrm{i}v$ 在区域 D 内解析.

定义 3.5 如果二元实函数 $\varphi(x,y)$ 在区域 D 具有二阶连续偏导数且满足拉普拉斯(Laplace)方程

$$\frac{\partial^2 \varphi}{\partial x^2} + \frac{\partial^2 \varphi}{\partial y^2} = 0,$$

则称 $\varphi(x,y)$ 为区域 D 的**调和函数**,或说 $\varphi(x,y)$ 在区域 D **调和**.

调和函数在流体力学、电磁学和传热学等中有着广泛的应用. 调和函数与解析函数具有如下关系:

定理 3.11 设函数 $f(z)=u(x,y)+\mathrm{i}v(x,y)$ 在区域 D 解析,则它的实部 $u(x,y)$ 与虚部 $v(x,y)$ 都是在区域 D 的调和函数,即

$$\frac{\partial^2 u}{\partial x^2} + \frac{\partial^2 u}{\partial y^2} = 0, \quad \frac{\partial^2 v}{\partial x^2} + \frac{\partial^2 v}{\partial y^2} = 0.$$

证明 由于 $f(z)$ 在区域 D 解析,所以 u 与 v 在区域 D 满足 C-R 方程,即

$$\frac{\partial u}{\partial x} = \frac{\partial v}{\partial y}, \quad \frac{\partial u}{\partial y} = -\frac{\partial v}{\partial x}.$$

又因为 $f(z)$ 解析时,u 与 v 具有任意阶连续偏导,所以可对上两式继续求关于 x 与 y 的偏导数,且 $\frac{\partial^2 v}{\partial y \partial x} = \frac{\partial^2 v}{\partial x \partial y}$,于是

$$\frac{\partial^2 u}{\partial x^2} + \frac{\partial^2 u}{\partial y^2} = \frac{\partial^2 v}{\partial y \partial x} - \frac{\partial^2 v}{\partial x \partial y} = 0.$$

同理可证 $\frac{\partial^2 v}{\partial x^2} + \frac{\partial^2 v}{\partial y^2} = 0$.

定理 3.11 说明，解析函数 $f(z)=u+iv$ 的实部与虚部都是调和函数，但反过来任意两个调和函数 u 与 v 所构成的函数 $f(z)=u+iv$ 不一定是解析函数. 例如，令 $u=2xy,v=x^2-y^2$，显然 u 与 v 均为调和函数，但

$$u_x=2y,\quad u_y=2x,$$
$$v_x=2x,\quad v_y=-2y.$$

u 与 v 仅在 $(0,0)$ 满足 C-R 方程，所以 $2xy+i(x^2-y^2)$ 不是解析函数.

定义 3.6 设 $u(x,y)$ 与 $v(x,y)$ 为区域 D 的调和函数，且满足 C-R 方程

$$\frac{\partial u}{\partial x}=\frac{\partial v}{\partial y},\quad \frac{\partial u}{\partial y}=-\frac{\partial v}{\partial x},$$

则称 $v(x,y)$ 为 $u(x,y)$ 的**共轭调和函数**.

注意 调和函数与共轭调和函数的区别：调和函数仅针对一个函数而言，共轭调和函数是针对两个函数的关系而言；共轭调和函数除了满足拉普拉斯方程之外，还要满足 C-R 方程；在共轭调和函数中，u 与 v 的地位不等，不能颠倒.

根据定理 3.11 和共轭调和函数的定义，显然如下定理成立.

定理 3.12 函数 $f(z)=u(x,y)+iv(x,y)$ 在区域 D 解析的充分必要条件是虚部 $v(x,y)$ 是实部 $u(x,y)$ 的共轭调和函数.

利用解析函数与调和函数的上述关系，在已知一个解析函数的实部（虚部）的情况下，利用 C-R 方程，可以确定它的虚部（实部）. 下面举例说明其求法.

例 1 验证 $u(x,y)=x^2-y^2+xy$ 为调和函数，并求其共轭调和函数 $v(x,y)$ 和由它们构成的解析函数.

解 因为

$$\frac{\partial u}{\partial x}=2x+y,\quad \frac{\partial u}{\partial y}=-2y+x,$$

$$\frac{\partial^2 u}{\partial x^2}=2,\quad \frac{\partial^2 u}{\partial y^2}=-2,$$

所以

$$\frac{\partial^2 u}{\partial x^2}+\frac{\partial^2 u}{\partial y^2}=0.$$

故 $u(x,y)=x^2-y^2+xy$ 为调和函数.

因为 $v(x,y)$ 为 $u(x,y)$ 的共轭调和函数，所以满足 C-R 方程

$$\frac{\partial u}{\partial x}=\frac{\partial v}{\partial y},\quad \frac{\partial u}{\partial y}=-\frac{\partial v}{\partial x},$$

于是

$$\frac{\partial v}{\partial y}=\frac{\partial u}{\partial x}=2x+y,$$

上式两端关于 y 积分得

$$v = \int (2x+y)\mathrm{d}y = 2xy + \frac{1}{2}y^2 + \varphi(x),$$

对两端求关于 x 的偏导得

$$\frac{\partial v}{\partial x} = 2y + \varphi'(x),$$

又

$$\frac{\partial v}{\partial x} = 2y - x,$$

于是

$$2y + \varphi'(x) = 2y - x,$$

从而

$$\varphi(x) = -\frac{1}{2}x^2 + c,$$

所以

$$v = 2xy - \frac{1}{2}x^2 + \frac{1}{2}y^2 + c \quad (c \text{ 为任意实常数}),$$

$$f(z) = x^2 - y^2 + xy + \mathrm{i}\left(2xy - \frac{1}{2}x^2 + \frac{1}{2}y^2 + c\right).$$

例 2 已知调和函数 $v(x,y) = \mathrm{e}^x(y\cos y + x\sin y) + x + y$,求调和函数 $u(x,y)$,使得 $f(z) = u + \mathrm{i}v$ 解析.

解 因为

$$\frac{\partial v}{\partial x} = \mathrm{e}^x(y\cos y + x\sin y) + \mathrm{e}^x \sin y + 1 = \mathrm{e}^x(y\cos y + x\sin y + \sin y) + 1,$$

$$\frac{\partial v}{\partial y} = \mathrm{e}^x(\cos y - y\sin y + x\cos y) + 1,$$

又因为

$$\frac{\partial u}{\partial x} = \frac{\partial v}{\partial y}, \quad \frac{\partial u}{\partial y} = -\frac{\partial v}{\partial x},$$

于是

$$\frac{\partial u}{\partial x} = \frac{\partial v}{\partial y} = \mathrm{e}^x(\cos y - y\sin y + x\cos y) + 1,$$

从而

$$u = \int [\mathrm{e}^x(\cos y - y\sin y + x\cos y) + 1]\mathrm{d}x = \mathrm{e}^x(x\cos y - y\sin y) + x + \varphi(y),$$

上式两端关于 y 求偏导得

$$\frac{\partial u}{\partial y} = \mathrm{e}^x(-x\sin y - \sin y - y\cos y) + \varphi'(y),$$

于是由 $\dfrac{\partial u}{\partial y}=-\dfrac{\partial v}{\partial x}$ 有

$$e^x(-x\sin y-\sin y-y\cos y)+\varphi'(y)=-e^x(y\cos y+x\sin y+\sin y)-1$$

解得

$$\varphi(y)=-y+c,$$

故

$$u=e^x(x\cos y-y\sin y)+x-y+c \quad (c \text{ 为任意实常数}),$$
$$f(z)=[e^x(x\cos y-y\sin y)+x-y+c]+i[e^x(y\cos y+x\sin y)+x+y].$$

例1与例2表明,已知一个解析函数的实部(虚部),可以确定它的虚部(实部),至多相差一个常数.

小结

复变函数的积分是定积分在复数域中的自然推广,两者的定义在形式上十分相似,只是把定积分的实数换成复数,把积分区间换成复平面上的一条光滑曲线.事实上,复变函数的积分其实质就是复平面上的线积分.本章在介绍复变函数积分的概念、性质的基础上,重点讨论复变函数积分的计算,推导出了一系列公式和定理:柯西-古萨定理、复合闭路定理、闭路变形原理、柯西积分公式和高阶导数公式等.

本章的学习重点如下:

1. 计算沿非封闭曲线的积分

(1) 牛顿-莱布尼茨公式　设 $f(z)$ 在区域 D 解析,$F(z)$ 是 $f(z)$ 一个原函数,则

$$\int_{z_0}^{z_1}f(z)\mathrm{d}z=F(z_1)-F(z_0)=F(z)\Big|_{z_0}^{z_1},$$

其中 z_0 与 z_1 为区域 D 的两点.该方法只需求出被积函数的原函数,因此计算一般较简单.但只在被积函数解析的条件下才能使用.

(2) 参数方程法

设曲线 C 的参数方程为 $z=z(t)=x(t)+\mathrm{i}y(t)(t:\alpha\to\beta)$,则

$$\int_C f(z)\mathrm{d}z=\int_\alpha^\beta f[z(t)]z'(t)\mathrm{d}t.$$

该方法是计算复变函数积分的基本方法之一,无论被积函数是否解析,积分曲线是否封闭都可使用.然而,通常计算较繁.

2. 计算沿封闭曲线的积分

我们常以柯西-古萨定理、复合闭路定理、闭路变形原理为依据,以柯西积分公式、高阶导数公式和 3.1 节例 3 的结论为主要工具.但通常不能直接套用某个公式或定理,而需将被积函数作适当的变形,例如把它化为部分分式之和、将被积函数

分母中的一部分提到分子中去,然后联合使用这些定理、公式和积分性质才能解决.

(1) 柯西-古萨基本定理　如果函数 $f(z)$ 在单连通域 B 内处处解析,那么函数 $f(z)$ 沿 B 内任意一条封闭曲线 C 的积分值为零,即

$$\oint_C f(z)\mathrm{d}z = 0.$$

推论　如果函数 $f(z)$ 在简单闭曲线 C 及其内部解析,则

$$\oint_C f(z)\mathrm{d}z = 0.$$

(2) 复合闭路定理　设 D 为复合闭路 $\Gamma = C + C_1^- + C_2^- + \cdots + C_n^-$ 所围成的多连通域,$f(z)$ 在 $\overline{D} = D + \Gamma$ 上解析,则

① $\oint_\Gamma f(z)\mathrm{d}z = 0$,其中 Γ 为复合闭路的正方向.

② $\oint_C f(z)\mathrm{d}z = \sum_{k=1}^n \oint_{C_k} f(z)\mathrm{d}z$,其中 C 及 $C_1, C_2, \cdots, C_n$ 均取正方向.

(3) 闭路变形原理　在区域 D 内的一个解析函数沿闭曲线的积分,不因闭曲线在 D 内作连续变形而改变积分的值,只要在变形的过程中曲线不经过 $f(z)$ 不解析的点.

(4) 柯西积分公式与高阶导数公式

柯西积分公式　　$f(z_0) = \dfrac{1}{2\pi\mathrm{i}} \oint_C \dfrac{f(z)}{z - z_0} \mathrm{d}z = 0.$

高阶导数公式　　$f^{(n)}(z_0) = \dfrac{n!}{2\pi\mathrm{i}} \oint_C \dfrac{f(z)}{(z - z_0)^{n+1}} \mathrm{d}z.$

柯西积分公式与高阶导数公式是复变函数中两个十分重要的公式,既有理论价值,又有实际应用.柯西积分公式给出了解析函数的积分表达式,即一个解析函数在区域内部的值可以用它在边界上的值通过积分来表示,所以解析函数在边界上的值一旦确定,它在区域内部各点的值也就确定,这是实变函数所不具备的特性.高阶导数公式表明了解析函数的导数仍然是解析函数这一异常重要的结论.同时表明了解析函数与实变函数的本质区别.

3. 解析函数与调和函数的关系

在一个区域 D 内,具有二阶连续偏导数且满足拉普拉斯方程的二元函数 $\varphi(x, y)$,称为区域 D 内的调和函数.解析函数的实部和虚部都是调和函数,且虚部是实部的共轭调和函数.任意两个调和函数 u 与 v 所构成的函数 $u + \mathrm{i}v$ 不一定是解析函数.已知解析函数 $f(z)$ 的实部(虚部)求解析函数 $f(z)$ 的方法除了我们介绍的偏积分法外,还有不定积分法和线积分法两种常用方法,有兴趣的读者可参考相关书籍.

习题三

1. 计算积分 $\int_C [(x-y) + \mathrm{i}x^2]\mathrm{d}z$，其中 C 为：

(1) 从原点至 $1+\mathrm{i}$ 的直线段；

(2) 从原点沿实轴至 1，再由 1 铅直向上至 $1+\mathrm{i}$；

(3) 从原点沿虚轴至 i，再由 i 沿水平方向向右至 $1+\mathrm{i}$.

2. 计算积分 $\int_C z^2 \mathrm{d}z$，其中 C 为：

(1) 从原点至 $1+\mathrm{i}$ 的直线段；

(2) 从原点沿抛物线 $y=x^2$ 至 $1+\mathrm{i}$；

(3) 从原点沿曲线 $y=\sqrt{x}$ 至 $1+\mathrm{i}$.

3. 计算积分 $\int_C |z| \mathrm{d}z$，其中 C 为：

(1) 从 -1 沿实轴至 1 的直线段；

(2) 从 -1 沿上半单位圆周至 1；

(3) 从 -1 沿下半单位圆周至 1.

4. 设 C 为从原点到 $4+3\mathrm{i}$ 的直线段，求 $\left|\int_C \dfrac{1}{z-\mathrm{i}}\mathrm{d}z\right|$ 的最大值.

5. 试用观察法得出下列积分的值，并说明依据，C 是正向单位圆周 $|z|=1$.

(1) $\oint_C \dfrac{\mathrm{d}z}{z-2}$；

(2) $\oint_C \dfrac{\mathrm{e}^{2z}}{z^2+4z+4}\mathrm{d}z$；

(3) $\oint_C \dfrac{\mathrm{d}z}{\cos z}$；

(4) $\oint_C \dfrac{\mathrm{d}z}{z-\dfrac{1}{2}}$；

(5) $\oint_C \dfrac{\mathrm{d}z}{\left(z-\dfrac{1}{2}\right)^5}$；

(6) $\oint_C z\mathrm{e}^z \mathrm{d}z$.

6. 设 C 为任意一条不通过原点的简单闭曲线，求 $\oint_C \dfrac{1}{z^n}\mathrm{d}z$（$n$ 为非零整数）.

7. 计算下列积分：

(1) $\oint_C \left(\dfrac{4}{z+1} + \dfrac{3}{(z+2\mathrm{i})^2}\right)\mathrm{d}z$，其中 $C:|z|=4$ 为正方向；

(2) $\oint_C \dfrac{z^2}{z+3}\mathrm{d}z$，$C:|z|=2$；

(3) $\oint_C \dfrac{1}{(z^2-1)(z^3-1)}\mathrm{d}z$，$C:|z|=r<1$；

(4) $\oint_{|z|=2} \dfrac{1}{z^2-z}dz$;

(5) $\oint_{|z|=3} \dfrac{1}{(z-i)(z+2)}dz$;

(6) $\oint_C \dfrac{z^2-3z+4}{z(z-2)^2}dz$, 其中 $C:|z|=1$ 为正方向.

8. 计算 $\oint_C \dfrac{1}{z(z^2+1)}dz$ 积分, 其中 C 为:

(1) $|z|=\dfrac{1}{2}$; (2) $|z|=2$;

(3) $|z+i|=\dfrac{1}{2}$; (4) $|z-i|=\dfrac{3}{2}$.

9. 计算下列积分:

(1) $\int_0^i (3e^z+2z)dz$; (2) $\int_1^{1+i} ze^z dz$;

(3) $\int_{-\pi i}^{\pi i} \sin^2 z\, dz$; (4) $\int_1^i (2+iz)^2 dz$;

(5) $\int_0^1 (z-i)e^{-z}dz$; (6) $\int_0^{\pi i} z\cos(z^2)dz$.

10. 计算下列积分:

(1) $\oint_C \dfrac{dz}{z^2-4}, C:|z-2|=2$;

(2) $\oint_C \dfrac{e^{iz}dz}{z^2+1}, C:|z-2i|=\dfrac{3}{2}$;

(3) $\oint_C \dfrac{dz}{(z^2+1)(z^2+4)}, C:|z|=\dfrac{3}{2}$;

(4) $\oint_C \dfrac{\sin z\, dz}{z}, C:|z|=1$;

(5) $\oint_C \dfrac{2z^2-z+1}{z-1}dz$, 其中 $C:|z|=2$ 为正方向;

(6) $\oint_C \dfrac{z}{(9-z^2)(z+i)}dz$, 其中 $C:|z|=2$ 为正方向.

11. 计算下列积分:

(1) $\oint_C \dfrac{\cos z}{(z-i)^3}dz, C:|z-i|=1$;

(2) $\oint_C \dfrac{e^z}{z^2(z-1)^2}dz, C:|z|=4$;

(3) $\oint_C \dfrac{e^z dz}{(z^2+1)^2}, C:|z|=2$;

(4) $\oint_{C=C_1+C_2} \dfrac{\cos z}{z^3} dz$,其中 $C_1:|z|=2$ 为正方向,$C_2:|z|=3$ 为负方向;

(5) $\oint_C \dfrac{e^z}{(z-a)^3} dz$,其中 a 为 $|a|\neq 1$ 的任何复数,$C:|z|=1$ 为正方向.

12. 设 $f(z)$ 与 $g(z)$ 在区域 D 内处处解析,C 为 D 内的任何一条简单闭曲线,它的内部全含于 D.如果 $f(z)=g(z)$ 在 C 上所有的点处成立,试证在 C 内所有的点处 $f(z)=g(z)$ 也成立.

13. 设 $f(z)$ 在单连通域 B 内处处解析,且不为零.C 为 B 内任何一条简单闭曲线,证明 $\oint_C \dfrac{f'(z)}{f(z)} dz = 0$.

14. 由下列条件求解析函数 $f(z)=u+\mathrm{i}v$.

(1) $u=2(x-1)y$,$f(2)=-\mathrm{i}$;

(2) $v=2xy+3x$,$f(0)=0$;

(3) $v=\dfrac{y}{x^2+y^2}$,$f(2)=0$.

15. 证明:$u=x^2-y^2$ 和 $v=\dfrac{y}{x^2+y^2}$ 都是调和函数,但是 $u+\mathrm{i}v$ 不是解析函数.

16. 设 $f(z)=u+\mathrm{i}v$ 为解析函数,证明:$-u$ 是 v 的共轭调和函数.

17. 证明:一对共轭调和函数的乘积仍是调和函数.

18. 计算 $\oint_C \dfrac{e^z dz}{z(1-z)^3}$,其中 C 是不经过 0 与 1 的简单闭曲线.

第4章 级 数

第2章和第3章中,我们将实变函数的微分法和积分法推广到了复变函数中.在本章中,我们把实变函数项级数推广到复变函数项级数,从级数的角度来揭示解析函数的性质,并为后面研究留数和傅里叶变换奠定必要的基础.首先介绍复数项级数,然后讨论函数项级数,重点研究幂级数和洛朗级数,并围绕如何将解析函数展开成幂级数或洛朗级数这一中心内容进行.

4.1 复数项级数

4.1.1 复数列的极限

设 $\{\alpha_n\} = \{a_n + ib_n\}(n=1,2,\cdots)$ 为一复数列,$\alpha = a + ib$ 为一确定的复数.若对任给的 $\varepsilon > 0$,存在正数 $N(\varepsilon)$,使当 $n > N$ 时,恒有 $|\alpha_n - \alpha| < \varepsilon$ 成立,那么 α 称为复数列 $\{\alpha_n\}$ 当 $n \to \infty$ 时的**极限**,或称复数列 $\{\alpha_n\}$ **收敛于** α,记作

$$\lim_{n\to\infty}\alpha_n = \alpha.$$

若复数列 $\{\alpha_n\}$ 极限不存在,则称 $\{\alpha_n\}$ 发散.

定理 4.1 复数列 $\{\alpha_n\}$ 收敛于 α 的充要条件是

$$\lim_{n\to\infty}a_n = a, \quad \lim_{n\to\infty}b_n = b.$$

证明 必要性 如果 $\lim_{n\to\infty}\alpha_n = \alpha$,则对任给的 $\varepsilon > 0$,存在正数 N,使当 $n > N$ 时,恒有 $|\alpha_n - \alpha| < \varepsilon$,即

$$|(a_n + ib_n) - (a + ib)| < \varepsilon,$$

从而有

$$|a_n - a| \leqslant |(a_n - a) + i(b_n - b)| < \varepsilon,$$

所以 $\lim_{n\to\infty}a_n = a$.

同理可得 $\lim_{n\to\infty}b_n = b$.

充分性 若 $\lim_{n\to\infty}a_n = a$ 则对任给的 $\varepsilon > 0$,存在正数 N_1,使当 $n > N_1$ 时,恒有 $|a_n - a| < \dfrac{\varepsilon}{2}$;又 $\lim_{n\to\infty}b_n = b$,则对上述 $\varepsilon > 0$,存在正数 N_2,使当 $n > N_2$ 时,恒有 $|b_n - b| < \dfrac{\varepsilon}{2}$;

所以当 $n > \max\{N_1, N_2\}$ 时,有
$$|(a_n - a) + i(b_n - b)| \leqslant |a_n - a| + |b_n - b| < \varepsilon,$$
故 $\lim\limits_{n \to \infty} \alpha_n = \alpha$.

定理 4.1 说明复数列的敛散性可转化为两个实数列的敛散性来判定.

4.1.2 复数项级数

定义 4.1 设 $\{\alpha_n\} = \{a_n + ib_n\}(n = 1, 2, \cdots)$ 为一复数列,表达式
$$\sum_{n=1}^{\infty} \alpha_n = \alpha_1 + \alpha_2 + \cdots + \alpha_n + \cdots \tag{4.1}$$
称为复数项的**无穷级数**,其前 n 项之和
$$s_n = \alpha_1 + \alpha_2 + \cdots + \alpha_n$$
称为级数的**部分和**.

如果复数列 $\{s_n\}$ 以有限复数 $s = a + ib(a, b$ 为实数$)$ 为极限,即若 $\lim\limits_{n \to \infty} s_n = s$,则称复数项级数(4.1)**收敛**于 s,且极限 $\lim\limits_{n \to \infty} s_n = s$ 称为级数(4.1)的和,写成 $s = \sum\limits_{n=1}^{\infty} \alpha_n$. 若复数列 $\{s_n\}$ 无极限,则称级数(4.1)**发散**.

例 1 当 $|z| < 1$ 时,判断级数 $\sum\limits_{n=0}^{\infty} z^n$ 是否收敛.

解 其部分和
$$s_n = 1 + z + z^2 + \cdots + z^{n-1} = \frac{1 - z^n}{1 - z},$$
由于 $|z| < 1$,于是
$$\lim_{n \to \infty} s_n = \lim_{n \to \infty} \frac{1 - z^n}{1 - z} = \frac{1}{1 - z},$$
所以当 $|z| < 1$ 时,该级数收敛,且其和为 $\frac{1}{1-z}$,即
$$\frac{1}{1-z} = 1 + z + z^2 + z^n + \cdots \quad (|z| < 1).$$

定理 4.2 级数 $\sum\limits_{n=1}^{\infty} \alpha_n$ 收敛的充要条件是级数 $\sum\limits_{n=1}^{\infty} a_n$ 和 $\sum\limits_{n=1}^{\infty} b_n$ 都收敛.

证明 设 $s_n = \sum\limits_{k=1}^{n} \alpha_k, A_n = \sum\limits_{k=1}^{n} a_k, B_n = \sum\limits_{k=1}^{n} b_k$,则 $s_n = A_n + iB_n$,

由定理 4.1,$\{s_n\}$ 收敛的充要条件是 $\{A_n\}$ 和 $\{B_n\}$ 收敛,即级数 $\sum\limits_{n=1}^{\infty} a_n$ 和 $\sum\limits_{n=1}^{\infty} b_n$ 级数都收敛.

例 2 讨论级数 $\sum\limits_{n=1}^{\infty} \left(\frac{1 + (-i)^{2n+1}}{n} \right)$ 的敛散性.

解 由于 $a_n = \dfrac{1+(-i)^{2n+1}}{n} = \dfrac{1+(-1)^n i}{n}$,因级数 $\sum\limits_{n=1}^{\infty} a_n = \sum\limits_{n=1}^{\infty} \dfrac{1}{n}$ 发散,故原级数发散.

定理 4.2 说明,复数项级数的敛散性可转化为两个实数项级数的敛散性来判别. 由实数项级数收敛的必要条件易得如下定理:

定理 4.3 若复数项级数 $\sum\limits_{n=1}^{\infty} \alpha_n$ 收敛,则 $\lim\limits_{n \to \infty} \alpha_n = 0$.

例 3 讨论级数 $\sum\limits_{n=1}^{\infty} \left(1 - \dfrac{1}{n^2}\right) e^{i\frac{\pi}{n}}$ 的敛散性.

解 由于

$$\alpha_n = \left(1 - \dfrac{1}{n^2}\right) e^{i\frac{\pi}{n}} = \left(1 - \dfrac{1}{n^2}\right)\left(\cos \dfrac{\pi}{n} + i\sin \dfrac{\pi}{n}\right),$$

所以

$$a_n = \left(1 - \dfrac{1}{n^2}\right)\cos \dfrac{\pi}{n}, \quad b_n = \left(1 - \dfrac{1}{n^2}\right)\sin \dfrac{\pi}{n},$$

从而有 $\lim\limits_{n \to \infty} a_n = 1$, $\lim\limits_{n \to \infty} b_n = 0$,即 $\lim\limits_{n \to \infty} \alpha_n = 1 \ne 0$,所以原级数发散.

定义 4.2 若级数 $\sum\limits_{n=1}^{\infty} |\alpha_n|$ 收敛,则称原级数 $\sum\limits_{n=1}^{\infty} \alpha_n$ **绝对收敛**. 非绝对收敛的收敛级数,称为**条件收敛**.

定理 4.4 若级数 $\sum\limits_{n=1}^{\infty} \alpha_n$ 绝对收敛,则级数 $\sum\limits_{n=1}^{\infty} \alpha_n$ 收敛.

证明 由于

$$\sum_{n=1}^{\infty} |\alpha_n| = \sum_{n=1}^{\infty} \sqrt{a_n^2 + b_n^2},$$

而

$$|a_n| \le \sqrt{a_n^2 + b_n^2}, \quad |b_n| \le \sqrt{a_n^2 + b_n^2},$$

由实数项级数的比较审敛法,可知级数 $\sum\limits_{n=1}^{\infty} |a_n|$ 及 $\sum\limits_{n=1}^{\infty} |b_n|$ 收敛,所以 $\sum\limits_{n=1}^{\infty} a_n$ 和 $\sum\limits_{n=1}^{\infty} b_n$ 收敛,故 $\sum\limits_{n=1}^{\infty} \alpha_n$ 收敛.

由于级数 $\sum\limits_{n=1}^{\infty} |\alpha_n|$ 的各项都是非负的实数,故它是否收敛可依正项级数的审敛法则来判定.

例 4 讨论下列级数是否收敛?是否绝对收敛?

(1) $\sum\limits_{n=0}^{\infty} \dfrac{(2i)^n}{n!}$;

(2) $\sum\limits_{n=0}^{\infty} \left[\dfrac{1}{3^n} + \dfrac{(-1)^n}{n} i\right]$.

解 (1) 由于 $\left|\dfrac{(2\mathrm{i})^n}{n!}\right| = \dfrac{2^n}{n!}$,由正项级数比值审敛法知 $\sum\limits_{n=0}^{\infty}\dfrac{2^n}{n!}$ 收敛,所以原级数收敛且绝对收敛.

(2) 由于 $\sum\limits_{n=0}^{\infty}\dfrac{1}{3^n}$ 和 $\sum\limits_{n=0}^{\infty}\dfrac{(-1)^n}{n}$ 均收敛,所以原级数收敛.但是 $\sum\limits_{n=0}^{\infty}\dfrac{(-1)^n}{n}$ 为条件收敛,故原级数不是绝对收敛.

4.2 幂级数

4.2.1 函数项级数与幂级数的概念

定义 4.3 设 $\{f_n(z)\}(n=1,2,\cdots)$ 为复变函数列,其中各项均在区域 D 内有定义.表达式

$$\sum_{n=1}^{\infty} f_n(z) = f_1(z) + f_2(z) + \cdots + f_n(z) + \cdots \tag{4.2}$$

称为**复变函数项级数**,记作 $\sum\limits_{n=1}^{\infty} f_n(z)$.其中前 n 项的和

$$s_n(z) = f_1(z) + f_2(z) + \cdots + f_n(z)$$

称为级数(4.2)的**部分和**.

如果对于 D 内的某点 z_0,极限

$$\lim_{n\to\infty} s_n(z_0) = s(z_0)$$

存在,则称复变函数项级数(4.2)在 z_0 收敛于 $s(z_0)$,称 $s(z_0)$ 为级数(4.2)的和,点 z_0 为级数(4.2)的收敛点.全体收敛点的集合称为级数(4.2)的收敛域.如果级数在 D 内处处收敛,其和是 z 的一个函数 $s(z)$:

$$s(z) = f_1(z) + f_2(z) + \cdots + f_n(z) + \cdots$$

称为级数(4.2)的**和函数**.

当 $f_n(z)=c_{n-1}(z-a)^{n-1}$ 或 $f_n(z)=c_{n-1}z^{n-1}$ 时,即得到幂级数.

定义 4.4 形如

$$\sum_{n=0}^{\infty} c_n(z-a)^n = c_0 + c_1(z-a) + c_2(z-a)^2 + \cdots \tag{4.3}$$

或者

$$\sum_{n=0}^{\infty} c_n z^n = c_0 + c_1 z + c_2 z^2 + \cdots \tag{4.4}$$

的复函数项级数称为**幂级数**,其中 $c_0,c_1,c_2,\cdots$ 和 a 都是复常数.

若令 $z-a=\xi$,则(4.3)式就转化(4.4)式的形式.为了方便,后面常以(4.4)式为例讨论.

4.2.2 收敛圆和收敛半径

同实变幂级数类似,复变幂级数的收敛性有如下收敛定理:

定理 4.5(阿贝尔(Abel)定理) (1) 如果级数 $\sum_{n=0}^{\infty} c_n z^n$ 在点 $z_1(\neq 0)$ 收敛,那么对满足 $|z|<|z_1|$ 的 z,级数必绝对收敛.

(2) 如果级数 $\sum_{n=0}^{\infty} c_n z^n$ 在点 $z_2(\neq 0)$ 发散,那么对满足 $|z|>|z_2|$ 的 z,级数必发散.

证明 (1) 设级数 $\sum_{n=0}^{\infty} c_n z^n$ 在 $z=z_1(\neq 0)$ 收敛,则它的各项必定有界,即存在正数 M,使对一切的 n 有

$$|c_n z_1^n| < M.$$

当 $|z|<|z_1|$ 时,有 $\dfrac{|z|}{|z_1|}=q<1$,且

$$|c_n z^n| = |c_n z_1^n| \cdot \left|\dfrac{z}{z_1}\right|^n < Mq^n.$$

由于 $\sum_{n=0}^{\infty} Mq^n$ 是收敛(公比 q 小于 1)的等比级数,故根据正项级数的比较审敛法知 $\sum_{n=0}^{\infty} |c_n z^n|$ 收敛,从而级数 $\sum_{n=0}^{\infty} c_n z^n$ 绝对收敛.

(2) 反证法 假设当 $|z_2|<|z|$ 时,$\sum_{n=0}^{\infty} c_n z^n$ 收敛,则由(1)知级数 $\sum_{n=0}^{\infty} c_n z^n$ 在 $z=z_2(\neq 0)$ 收敛,与已知矛盾.所以假设不成立,从而原命题成立.

阿贝尔定理几何意义:如果幂级数(4.4)在点 z_1 收敛,则该级数在以坐标原点为中心,$|z_1|$ 为半径的圆周内部绝对收敛(图 4.1(a)).如果幂级数(4.4)在点 z_1 发散,则该级数在以坐标原点为中心,$|z_1|$ 为半径的圆周外部发散(图 4.1(b)).圆周 $|z|=|z_1|$ 上的敛散性,须另行讨论.

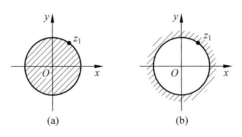

图 4.1

根据阿贝尔定理,幂级数(4.4)的收敛情况有以下三种:

(1) 级数在整个复平面上处处收敛.

(2) 在除原点以外的整个复平面上处处发散.

(3) 存在一正实数 R,使级数在 $|z|<R$ 中收敛,在 $|z|>R$ 中发散,这里 R 就叫**收敛半径**,圆周 $|z|=R$ 叫做**收敛圆**(图 4.2).此时幂级数的收敛域就是收敛圆内的点和收敛圆上的收敛点(收敛圆上的点可能收敛,也可能发散,不能作出一般的结论,要依据级数本身具体分析).

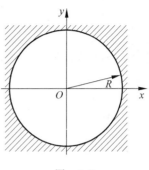

图 4.2

特别地,我们约定上述(1)的收敛半径为 $R=+\infty$,(2)的收敛半径为 $R=0$.

4.2.3 收敛半径的求法

同实变幂级数的收敛半径求法类似,比值法和根值法是求复变幂级数收敛半径的两个常用方法.

定理 4.6(比值法) 对幂级数 $\sum\limits_{n=0}^{\infty} c_n z^n$,若有

$$\lim_{n \to \infty} \left| \frac{c_{n+1}}{c_n} \right| = \rho,$$

则级数的收敛半径为

$$R = \frac{1}{\rho} \quad (\rho \neq 0, \rho \neq +\infty). \tag{4.5}$$

特别规定:当 $\rho=0$ 时,$R=+\infty$;当 $\rho=+\infty$ 时,$R=0$.

证明 当 $\rho \neq 0$ 时,有

$$\lim_{n \to \infty} \left| \frac{c_{n+1} z^{n+1}}{c_n z^n} \right| = \lim_{n \to \infty} \left| \frac{c_{n+1}}{c_n} \right| |z| = \rho |z|.$$

则由正项级数比值判别法,当 $\rho|z|<1$,即 $|z|<\dfrac{1}{\rho}$ 时,级数 $\sum\limits_{n=0}^{\infty} |c_n z^n|$ 收敛,从而级数 $\sum\limits_{n=0}^{\infty} c_n z^n$ 收敛;当 $\rho|z|>1$,即 $|z|>\dfrac{1}{\rho}$ 时,级数 $\sum\limits_{n=0}^{\infty} |c_n z^n|$ 发散,从而级数 $\sum\limits_{n=0}^{\infty} c_n z^n$ 发散.所以 $\sum\limits_{n=0}^{\infty} c_n z^n$ 的收敛半径是 $R = \dfrac{1}{\rho}$.

当 $\rho=0$ 时,对一切 z 均有

$$\lim_{n \to \infty} \left| \frac{c_{n+1} z^{n+1}}{c_n z^n} \right| = \lim_{n \to \infty} \left| \frac{c_{n+1}}{c_n} \right| |z| = \rho |z| = 0.$$

故 $\sum\limits_{n=0}^{\infty} |c_n z^n|$ 收敛,从而级数 $\sum\limits_{n=0}^{\infty} c_n z^n$ 收敛,且收敛半径为 $R=+\infty$.

当 $\rho=+\infty$ 时,$z\neq 0$ 时,有

$$\lim_{n\to\infty}\left|\frac{c_{n+1}z^{n+1}}{c_n z^n}\right|=\lim_{n\to\infty}\left|\frac{c_{n+1}}{c_n}\right||z|=\rho|z|=+\infty.$$

故 $\sum_{n=0}^{\infty}|c_n z^n|$ 发散,从而级数 $\sum_{n=0}^{\infty}c_n z^n$ 发散. 而 $z=0$ 时级数显然收敛且收敛,故半径为 $R=0$.

例 1 试求幂级数 $\sum_{n=1}^{\infty}\frac{z^n}{n^p}$($p$ 为正整数)的收敛半径.

解 因为

$$\rho=\lim_{n\to\infty}\left|\frac{c_{n+1}}{c_n}\right|=\lim_{n\to\infty}\left(\frac{n}{n+1}\right)^p=\lim_{n\to\infty}\frac{1}{\left(1+\frac{1}{n}\right)^p}=1,$$

所以由比值判别法知 $R=\frac{1}{\rho}=1$.

定理 4.7(根值法) 对幂级数 $\sum_{n=0}^{\infty}c_n z^n$,若

$$\lim_{n\to\infty}\sqrt[n]{|c_n|}=\rho,$$

则级数的收敛半径为

$$R=\frac{1}{\rho} \quad (\rho\neq 0,\rho\neq +\infty). \tag{4.6}$$

特别规定:当 $\rho=0$ 时 $R=+\infty$;当 $\rho=+\infty$ 时 $R=0$.

例 2 试讨论下列幂级数的收敛半径.

(1) $\sum_{n=1}^{\infty}\frac{(z+1)^n}{n}$(并讨论在 $z=-2,0$ 时的收敛情况);

(2) $\sum_{n=1}^{\infty}n!(z+i)^n$;

(3) $\sum_{n=0}^{\infty}(1+i)^n z^n$;

解 (1) $\rho=\lim_{n\to\infty}\left|\frac{c_{n+1}}{c_n}\right|=\lim_{n\to\infty}\frac{n}{n+1}=1$,即 $R=1$.

当 $z=-2$ 时,原级数为 $\sum_{n=1}^{\infty}(-1)^n\frac{1}{n}$,该级数为交错级数,故级数收敛.

当 $z=0$ 时,原级数为 $\sum_{n=1}^{\infty}\frac{1}{n}$,该级数为调和级数,故级数发散.

(2) 因为

$$\rho=\lim_{n\to\infty}\left|\frac{c_{n+1}}{c_n}\right|=\lim_{n\to\infty}\frac{(n+1)!}{n!}=\lim_{n\to\infty}(n+1)=\infty,$$

所以 $R=0$，此级数仅在点 $z=-\mathrm{i}$ 处收敛.

(3) 因为
$$\rho = \sqrt[n]{|c_n|} = \sqrt[n]{|(1+\mathrm{i})^n|} = \sqrt[n]{(\sqrt{2})^n} = \sqrt{2}.$$
所以 $R = \dfrac{1}{\sqrt{2}} = \dfrac{\sqrt{2}}{2}$.

4.2.4 幂级数的运算及性质

与实幂级数一样，复幂级数也能进行有理运算和复合运算.

(1) 代数运算

设两个幂级数分别为
$$f(z) = \sum_{n=0}^{\infty} a_n z^n, \quad |z|<R_1, \quad g(z) = \sum_{n=0}^{\infty} b_n z^n, \quad |z|<R_2.$$
则
$$f(z) \pm g(z) = \sum_{n=0}^{\infty} a_n z^n \pm \sum_{n=0}^{\infty} b_n z^n = \sum_{n=0}^{\infty} (a_n \pm b_n) z^n, \quad |z|<R,$$
$$f(z)g(z) = \Big(\sum_{n=0}^{\infty} a_n z^n\Big)\Big(\sum_{n=0}^{\infty} b_n z^n\Big) = \sum_{n=0}^{\infty} (a_n b_0 + a_{n-1} b_1 + \cdots + a_0 b_n) z^n, \quad |z|<R,$$
其中 $R = \min\{R_1, R_2\}$.

(2) 复合(代换)运算

设 $f(z) = \sum_{n=0}^{\infty} a_n z^n$，$|z|<R$，函数 $g(z)$ 在 $|z|<r$ 内解析，且 $|g(z)|<R$，则在 $|z|<r$ 内
$$f[g(z)] = \sum_{n=0}^{\infty} a_n [g(z)]^n.$$

经常利用复合(代换)运算将函数展开成幂级数.

例 3 将函数 $\dfrac{1}{z-1}$ 展开成 $z+1$ 的幂级数.

解 因为
$$\frac{1}{z-1} = \frac{1}{(z+1)-2} = -\frac{1}{2} \cdot \frac{1}{1-\dfrac{z+1}{2}},$$
当 $\left|\dfrac{z+1}{2}\right|<1$ 时，有
$$\frac{1}{1-\dfrac{z+1}{2}} = 1 + \Big(\frac{z+1}{2}\Big) + \Big(\frac{z+1}{2}\Big)^2 + \cdots + \Big(\frac{z+1}{2}\Big)^n + \cdots,$$

故
$$\frac{1}{z-1} = -\frac{1}{2} - \frac{1}{2^2}(z+1) - \frac{1}{2^3}(z+1)^2 - \cdots - \frac{1}{2^{n+1}}(z+1)^n - \cdots, \quad |z+1| < 2.$$

（3）解析性质

定理 4.8 设幂级数 $\sum_{n=0}^{\infty} c_n z^n$ 的收敛半径为 R，则其和函数 $f(z) = \sum_{n=0}^{\infty} c_n z^n$ 在收敛圆 $D:\{z \mid |z| \leqslant R\}$ 内

（1）是解析函数；

（2）可以逐项求导，即
$$f'(z) = \sum_{n=1}^{\infty} n c_n z^{n-1};$$

（3）可以逐项积分，即
$$\int_C f(z) \mathrm{d}z = \sum_{n=0}^{\infty} \int_C c_n z^n \mathrm{d}z \quad (C \text{ 为 } D \text{ 内的有向曲线})$$

或
$$\int_0^z f(\zeta) \mathrm{d}\zeta = \sum_{n=0}^{\infty} \frac{c_n}{n+1} z^{n+1}, \quad (z \in D).$$

例 4 求级数 $\sum_{n=0}^{\infty}(n+1)z^n$ 的收敛半径与和函数.

解 因为 $\lim_{n \to \infty} \left|\frac{c_{n+1}}{c_n}\right| = \lim_{n \to \infty} \frac{n+2}{n+1} = 1$，所以 $R=1$.

利用逐项积分，得
$$\sum_{n=0}^{\infty}(n+1)z^n = \left(\frac{z}{1-z}\right)' = \frac{1}{(1-z)^2}, \quad |z| < 1.$$

4.3 泰勒级数

由上节内容可知，幂级数的和函数是其收敛圆内的一个解析函数. 在这节中，我们将讨论：如何将一个解析函数表示成幂级数.

4.3.1 泰勒定理

定理 4.9 设函数 $f(z)$ 在区域 D 内解析，$z_0 \in D$，则当圆 $C:|z-z_0|<R$ 含在内时，$f(z)$ 可在圆 C 内展开为幂级数
$$f(z) = \sum_{n=0}^{\infty} \frac{f^{(n)}(z_0)}{n!}(z-z_0)^n, \quad n=0,1,2,\cdots. \quad (4.7)$$

证明 设 z 为 D 内的任意一点，作圆 $C:|z-z_0|<r(r<R)$，使 z 包含在圆 C 内部（图 4.3）. 由柯西积分公式，有

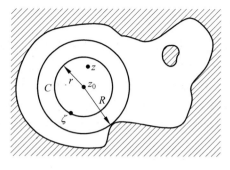

图 4.3

$$f(z) = \frac{1}{2\pi i}\oint_C \frac{f(\zeta)}{\zeta-z}d\zeta. \tag{4.8}$$

由于 ζ 在 C 上,z 在 C 内,所以 $q=\left|\dfrac{z-z_0}{\zeta-z_0}\right|<1$,则

$$\frac{1}{\zeta-z} = \frac{1}{(\zeta-z_0)-(z-z_0)} = \frac{1}{\zeta-z_0}\frac{1}{1-\dfrac{z-z_0}{\zeta-z_0}}$$

$$= \frac{1}{\zeta-z_0}\left[1+\frac{z-z_0}{\zeta-z_0}+\left(\frac{z-z_0}{\zeta-z_0}\right)^2+\cdots+\left(\frac{z-z_0}{\zeta-z_0}\right)^n+\cdots\right],$$

把上式代入(4.8)式,并把它记为

$$f(z) = \frac{1}{2\pi i}\oint_C\left[\sum_{n=0}^{N-1}\frac{f(\zeta)}{(\zeta-z_0)^{n+1}}(z-z_0)^n\right]d\zeta + R_N(z), \tag{4.9}$$

其中

$$R_N(z) = \frac{1}{2\pi i}\oint_C\left[\sum_{n=N}^{\infty}\frac{f(\zeta)}{(\zeta-z_0)^{n+1}}(z-z_0)^n\right]d\zeta.$$

下面证明 $\lim\limits_{N\to\infty} R_N(z) = 0$.

因为函数 $f(z)$ 在 D 内解析,从而在 C 上连续.那么 $f(\zeta)$ 在 C 上有界,即存在常数 $M>0$,在 C 上有 $|f(\zeta)|\leqslant M$.因此

$$|R_N(z)| \leqslant \frac{1}{2\pi}\oint_C\left|\sum_{n=N}^{\infty}\frac{f(\zeta)}{(\zeta-z_0)^{n+1}}(z-z_0)^n\right|ds$$

$$\leqslant \frac{1}{2\pi}\oint_C\left[\sum_{n=N}^{\infty}\frac{|f(\zeta)|}{|\zeta-z_0|}\left|\frac{z-z_0}{\zeta-z_0}\right|^n\right]ds$$

$$\leqslant \frac{1}{2\pi}\sum_{n=N}^{\infty}\frac{M}{r}q^n\cdot 2\pi r = \frac{Mq^N}{1-q}.$$

因为 $\lim\limits_{N\to\infty}q^N=0$,所以 $\lim\limits_{N\to\infty}R_N(z)=0$ 在 C 内成立.

又由高阶导数公式和幂级数在收敛圆内逐项积分,(4.9)式可写成

$$f(z) = f(z_0) + f'(z_0)(z-z_0) + \frac{f''(z_0)}{2!}(z-z_0)^2 + \cdots + \frac{f^{(n)}(z_0)}{n!}(z-z_0)^n + \cdots.$$

我们称(4.7)式为 $f(z)$ 在 $|z-z_0|<R$ 内的泰勒展开式,(4.7)式右边的级数为 $f(z)$ 在 z_0 点的泰勒级数.

说明 (1) 当 $z_0=0$ 时,级数称为麦克劳林级数.

(2) $f(z)$ 在 z_0 点的泰勒级数的收敛半径 R 等于从 z_0 到 D 的边界上各点的最短距离;如果 $f(z)$ 在 D 内有奇点,则 $f(z)$ 在 z_0 点的泰勒级数的收敛半径 R 等于 z_0 到最近的奇点 α 之间的距离,即 $R=|\alpha-z_0|$;例如函数 $f(z)=\dfrac{1}{z(z+1)}$,共有 0 和 -1 两个奇点,如果把 $f(z)$ 在 $z_0=1$ 展开成幂级数,由于 1 到 0 的距离比 1 到 -1 的距离短,故 $f(z)$ 泰勒级数的收敛半径为 1.

(3) 任何解析函数在一点处的泰勒级数是唯一的.

事实上,假设 $f(z)$ 在 z_0 点有另一展开式

$$f(z) = a_0 + a_1(z-z_0) + a_2(z-z_0)^2 + \cdots + a_n(z-z_0)^n + \cdots,$$

那么

$$f(z_0) = a_0.$$

将展开式两端求导,并令 $z=z_0$,即得 $a_1=f'(z_0)$.同理可得

$$a_n = \frac{f^{(n)}(z_0)}{n!}, \quad n = 0, 1, 2, \cdots.$$

(4) 定理 4.9 结合幂级数性质之定理 4.8(1)可以得到一个重要结论:函数 $f(z)$ 在区域 D 内解析的充要条件是 $f(z)$ 在 D 内任一点 z_0 的邻域内可以展开为 $z-z_0$ 的幂级数.

4.3.2 将函数展开成泰勒级数

因为泰勒展开式是唯一的,所以我们可以用任何可能的方法将解析函数 $f(z)$ 在某个解析点 z_0 的邻域内展开成为泰勒级数.下面介绍两种常用的方法:直接法和间接法.

1. 直接法

就是直接利用泰勒定理计算系数

$$c_n = \frac{1}{n!}f^{(n)}(z_0), \quad n = 0, 1, 2, \cdots,$$

将所得系数代入(4.7)式,即为函数 $f(z)$ 在点 z_0 展开的泰勒级数.

例 1 试将函数 e^z 在 $z=0$ 处展开成泰勒级数.

解 因为 $(e^z)^{(n)}=e^z$,且 $(e^z)^{(n)}\big|_{z=0}=1(n=0,1,2,\cdots)$,所以

$$c_n = \frac{1}{n!}f^{(n)}(0) = \frac{1}{n!},$$

于是由(4.7)式,得

$$e^z = 1 + z + \frac{z^2}{2!} + \frac{z^3}{3!} + \cdots + \frac{z^n}{n!} + \cdots, \quad |z| < +\infty.$$

由于 e^z 在复平面内处处解析,因此上式在复平面内处处成立且该级数的收敛半径为 $R = +\infty$.

类似可以得到下述泰勒级数:

$$\sin z = z - \frac{z^3}{3!} + \frac{z^5}{5!} + \cdots + (-1)^n \frac{z^{2n+1}}{(2n+1)!} + \cdots, \quad |z| < +\infty,$$

$$\cos z = 1 - \frac{z^2}{2!} + \frac{z^4}{4!} + \cdots + (-1)^n \frac{z^{2n}}{(2n)!} + \cdots, \quad |z| < +\infty.$$

2. 间接法

就是借助一些已知函数的展开式、幂级数的性质(逐项求导,逐项积分)和其他数学技巧(如代换等),将函数展开成幂级数,这种方法叫间接法.下面通过例子来说明这一方法.

例 2 将下列函数在指定点展开成泰勒级数.

(1) $f(z) = \dfrac{1}{1+z}, z_0 = 0$; (2) $f(z) = \dfrac{1}{z}, z_0 = 1$;

(3) $f(z) = \dfrac{1}{z+3}, z_0 = 1$; (4) $f(z) = \dfrac{1}{(z+1)^2}, z_0 = 0$.

解 (1) 因为 $f(z) = \dfrac{1}{1+z}$ 只有一个奇点 $z = -1$,在 $|z| < 1$ 内解析,又由于

$$\frac{1}{1-z} = 1 + z + z^2 + \cdots + z^n + \cdots, \quad |z| < 1,$$

将上式中 z 换成 $-z$ 即得所求泰勒级数

$$\frac{1}{1+z} = 1 - z + z^2 - \cdots + (-1)^n z^n + \cdots, \quad |z| < 1,$$

(2) 因为 $f(z) = \dfrac{1}{z}$ 只有一个奇点 $z = 0$,在 $|z-1| < 1$ 内解析,又由(1)知

$$\frac{1}{1+z} = 1 - z + z^2 - \cdots + (-1)^n z^n + \cdots, \quad |z| < 1,$$

将上式中 z 换成 $z-1$ 即得所求泰勒级数

$$f(z) = \frac{1}{z} = \frac{1}{1+(z-1)}$$
$$= 1 - (z-1) + (z-1)^2 - \cdots + (-1)^n (z-1)^n + \cdots, \quad |z-1| < 1.$$

(3) 因 $f(z) = \dfrac{1}{z+3}$ 只有一个奇点 $z = -3$,收敛半径 $R = |-1-(-3)| = 2$,即可以在 $|z+1| < 2$ 内表示成 $(z+1)$ 的幂级数.

$$f(z) = \frac{1}{z+3} = \frac{1}{2+(z+1)} = \frac{1}{2} \cdot \frac{1}{1+\frac{z+1}{2}}$$

$$= \frac{1}{2} - \frac{z+1}{2^2} + \frac{(z+1)^2}{2^3} - \cdots + (-1)^n \frac{(z+1)^n}{2^{n+1}} + \cdots$$

$$= \sum_{n=0}^{\infty} \frac{(-1)^n}{2^{n+1}} (z+1)^n, \quad |z+1| < 2.$$

(4) 因为 $f(z) = \frac{1}{(z+1)^2}$ 只有一个奇点 $z=-1$, 在 $|z|<1$ 内解析. 又由于

$$\frac{1}{1+z} = 1 - z + z^2 - \cdots + (-1)^n z^n + \cdots, \quad |z| < 1,$$

两边逐项求导, 即得所求展开式

$$\frac{1}{(z+1)^2} = \left(-\frac{1}{1+z}\right)' = \left(-\sum_{n=0}^{\infty}(-1)^n z^n\right)'$$

$$= \sum_{n=1}^{\infty} (-1)^{n+1} n z^{n-1}, \quad |z| < 1.$$

例3 将函数 $f(z) = \frac{z}{(z-1)(z-3)}$ 展开成 z 的幂级数.

解 先把 $f(z)$ 写成

$$f(z) = \frac{z}{(z-1)(z-3)} = \frac{z}{2} \left(\frac{1}{1-z} - \frac{1}{3-z} \right).$$

又因为

$$\frac{1}{1-z} = \sum_{n=0}^{\infty} z^n, \quad |z| < 1,$$

$$\frac{1}{3-z} = \frac{1}{3} \cdot \frac{1}{1-\frac{z}{3}} = \frac{1}{3} \sum_{n=0}^{\infty} \left(\frac{z}{3}\right)^n = \sum_{n=0}^{\infty} \frac{z^n}{3^{n+1}}, \quad |z| < 3.$$

所以

$$f(z) = \frac{z}{2}\left(\frac{1}{1-z} - \frac{1}{3-z}\right) = \frac{z}{2}\left(\sum_{n=0}^{\infty} z^n - \sum_{n=0}^{\infty} \frac{z^n}{3^{n+1}}\right)$$

$$= \frac{1}{2} \sum_{n=0}^{\infty} \left(1 - \frac{1}{3^{n+1}}\right) z^{n+1}, \quad |z| < 1.$$

例4 将函数 $f(z) = \frac{e^z}{1-z}$ 在点 $z_0 = 0$ 展开成泰勒级数.

解 因为函数 $f(z) = \frac{e^z}{1-z}$ 仅有一个奇点 $z=1$, 所以它在 $|z|<1$ 内可以展开成 z 的幂级数.

因为

$$\mathrm{e}^z = 1 + \frac{z}{1!} + \frac{z^2}{2!} + \frac{z^3}{3!} + \cdots + \frac{z^n}{n!} + \cdots, \quad |z| < +\infty,$$

$$\frac{1}{1-z} = 1 + z + z^2 + \cdots, \quad |z| < 1,$$

所以

$$\frac{\mathrm{e}^z}{1-z} = 1 + \left(1 + \frac{1}{1!}\right)z + \left(1 + \frac{1}{1!} + \frac{1}{2!}\right)z^2 + \cdots, \quad |z| < 1.$$

对一些复杂函数,要写出其各阶导数往往会很困难. 我们经常会使用间接法对函数进行展开.

4.4 洛朗级数

在 4.3 节中,我们讨论了一个在以 z_0 为中心的圆域内解析的函数 $f(z)$ 表示成某个幂级数的情形. 本节将讨论一个在以 z_0(z_0 为函数的奇点)为中心的圆环域内的解析函数表示成某个幂级数的情形. 并为下一章研究解析函数在孤立奇点邻域内的性质和留数的定义及计算奠定基础.

4.4.1 双边幂级数

考虑下面两个级数:

$$c_0 + c_1(z-z_0) + c_2(z-z_0)^2 + \cdots, \tag{4.10}$$

$$\frac{c_{-1}}{z-z_0} + \frac{c_{-2}}{(z-z_0)^2} + \frac{c_{-3}}{(z-z_0)^3} + \cdots. \tag{4.11}$$

前者是幂级数,它在圆域 $|z-z_0|<R(0<R\leqslant+\infty)$ 内表一解析函数 $f_1(z)$. 对后者做变换 $\zeta = \dfrac{1}{z-z_0}$,得到一个幂级数

$$c_{-1}\zeta + c_{-2}\zeta^2 + c_{-3}\zeta^3 + \cdots,$$

设它的收敛范围为 $|\zeta| < \dfrac{1}{r}\left(0 \leqslant \dfrac{1}{r} \leqslant +\infty\right)$,换回原来的变数 z,即知(4.11)式在 $|z-z_0|>r(0\leqslant r<+\infty)$ 内表示一个解析函数 $f_2(z)$.

当且仅当 $r<R$ 时,(4.10)式和(4.11)式有公共的收敛范围即圆环 $r<|z-z_0|<R$. 这时,我们称级数(4.10)与(4.11)之和为**双边幂级数**. 可以表示成

$$\sum_{n=-\infty}^{+\infty} c_n(z-z_0)^n = \cdots + c_{-n}(z-z_0)^{-n} + \cdots +$$
$$c_{-1}(z-z_0)^{-1} + c_0 + c_1(z-z_0) + c_2(z-z_0)^2 + \cdots$$
$$+ c_n(z-z_0)^n + \cdots, \tag{4.12}$$

其中(4.10)式为非负幂项部分,是解析部分;(4.11)式为负幂项部分,是主要部分.

级数(4.12)在圆环 $r<|z-z_0|<R$ 内收敛,在圆环域外发散,在圆环域的边界可能有些点收敛,有些点发散. 级数(4.12)的收敛范围是圆环域 $r<|z-z_0|<R$.

4.4.2 解析函数的洛朗展开式

前面指出了双边幂级数在圆环域 $r<|z-z_0|<R$ 内表示解析函数,下面反过来讨论:将在圆环域内解析的函数展开成双边幂级数.

定理 4.10(洛朗定理) 设函数 $f(z)$ 在圆环域 $r<|z-z_0|<R$ 内处处解析,则 $f(z)$ 一定能在此圆环域中展开为

$$f(z) = \sum_{n=-\infty}^{+\infty} c_n(z-z_0)^n, \quad (4.13)$$

其中

$$c_n = \frac{1}{2\pi i}\oint_C \frac{f(\zeta)}{(\zeta-z_0)^{n+1}}d\zeta, \quad n=0,\pm 1,\pm 2,\cdots,$$

而 C 为此圆环域内绕 z_0 的任一简单闭曲线.

证明 在圆环域内作圆 $C_1: |\zeta-z_0|=r_1$ 和 $C_2: |\zeta-z_0|=R_1$,其中 $r<r_1<R_1<R$. 设 z 是圆环域 $r<|z-z_0|<R$ 内的任一点(图 4.4),由多连通域的柯西积分公式,有

$$f(z)=\frac{1}{2\pi i}\oint_{C_2}\frac{f(\zeta)}{\zeta-z}d\zeta-\frac{1}{2\pi i}\oint_{C_1}\frac{f(\zeta)}{\zeta-z}d\zeta.$$

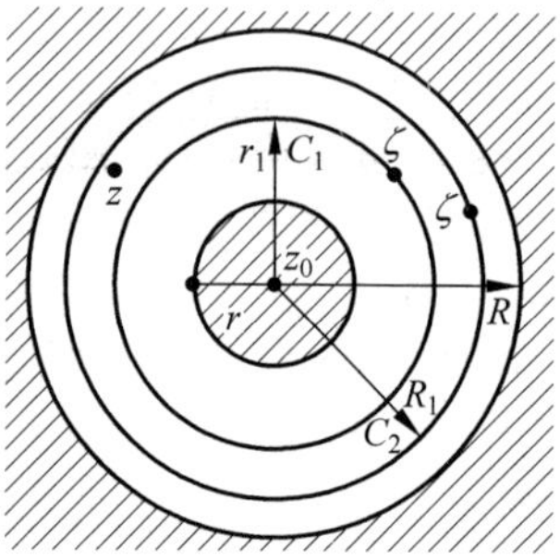

考虑上式右端的第一个积分,取 ζ 在 C_2 上,点 z 在 C_2 内部,所以有 $\left|\frac{z-z_0}{\zeta-z_0}\right|<1$,又因为 $|f(\zeta)|$ 在 C_2 上连续,因此存在一个正常数 M,使 $|f(\zeta)|\leqslant M$. 与泰勒定理的证明一样,当 $|\zeta-z_0|<R_1$ 有

$$\frac{1}{2\pi i}\oint_{C_2}\frac{f(\zeta)}{\zeta-z}d\zeta=\sum_{n=0}^{\infty}c_n(z-z_0)^n, \quad (4.14)$$

其中 $c_n=\frac{1}{2\pi i}\oint_{C_2}\frac{f(\zeta)}{(\zeta-z_0)^{n+1}}d\zeta (n=0,1,2,\cdots)$.

图 4.4

再考虑第二个积分 $-\frac{1}{2\pi i}\oint_{C_1}\frac{f(\zeta)}{\zeta-z}d\zeta$. 取 ζ 在 C_1 上,点 z 在 C_1 外部,所以有 $\left|\frac{z-z_0}{\zeta-z_0}\right|>1$,即 $\left|\frac{\zeta-z_0}{z-z_0}\right|<1$. 于是

$$\frac{1}{\zeta-z}=-\frac{1}{(z-z_0)-(\zeta-z_0)}=-\frac{1}{z-z_0}\cdot\frac{1}{1-\frac{\zeta-z_0}{z-z_0}}$$

$$=-\sum_{n=0}^{\infty}\frac{(\zeta-z_0)^n}{(z-z_0)^{n+1}}.$$

所以

$$-\frac{1}{2\pi i}\oint_{C_1}\frac{f(\zeta)}{\zeta-z}d\zeta = \frac{1}{2\pi i}\sum_{n=1}^{N-1}\oint_{C_1}f(\zeta)(\zeta-z_0)^{n-1}d\zeta\frac{1}{(z-z_0)^n}$$

$$=\sum_{n=1}^{N-1}\left[\frac{1}{2\pi i}\oint_{C_1}f(\zeta)(\zeta-z_0)^{n-1}d\zeta\right]\frac{1}{(z-z_0)^n}+R_N(z),$$

其中 $R_N = \frac{1}{2\pi i}\oint_{C_1}\left[\sum_{n=N}^{\infty}\frac{(\zeta-z_0)^{n-1}}{f(\zeta)(z-z_0)^n}\right]d\zeta$.

下面证明 $\lim\limits_{N\to\infty}R_N(z)=0$ 在 C_1 外部成立. 令

$$\left|\frac{\zeta-z_0}{z-z_0}\right|=\frac{r_1}{|z-z_0|}=q,$$

显然 $0<q<1$, 由于 z 在 C_1 外部, $|f(\zeta)|$ 在 C_1 上连续, 因此存在一个正常数 M, 使 $|f(\zeta)|\leqslant M$. 所以

$$|R_N(z)|\leqslant\frac{1}{2\pi}\oint_{C_1}\left[\sum_{n=N}^{\infty}\frac{|f(\zeta)|}{|\zeta-z_0|}\left|\frac{\zeta-z_0}{z-z_0}\right|^n\right]ds$$

$$\leqslant\frac{1}{2\pi}\sum_{n=N}^{\infty}\frac{M}{r_1}q^n\cdot 2\pi r_1=\frac{Mq^N}{1-q}.$$

因为 $\lim\limits_{N\to\infty}q^N=0$, 所以 $\lim\limits_{N\to\infty}R_N(z)=0$. 从而有

$$-\frac{1}{2\pi i}\oint_{C_1}\frac{f(\zeta)}{\zeta-z}d\zeta=\sum_{n=1}^{\infty}c_{-n}(z-z_0)^{-n}, \quad (4.15)$$

其中

$$c_{-n}=\frac{1}{2\pi i}\oint_{C_1}\frac{f(\zeta)}{(\zeta-z_0)^{-n+1}}d\zeta, \quad n=0,1,2,\cdots.$$

综上所述,即得

$$f(z)=\sum_{n=0}^{\infty}c_n(z-z_0)^n+\sum_{n=1}^{\infty}c_{-n}(z-z_0)^{-n}=\sum_{n=-\infty}^{\infty}c_n(z-z_0)^n.$$

若在圆环域内取绕 z_0 的任一条简单闭曲线 C, 根据柯西定理的推广, 则(4.14)式和(4.15)式的系数表达式可以用同一式子表达, 即

$$c_n=\frac{1}{2\pi i}\oint_C\frac{f(\zeta)}{(\zeta-z_0)^{n+1}}d\zeta, \quad n=0,\pm 1,\pm 2,\cdots,$$

从而(4.13)式成立.

我们称(4.13)式为函数 $f(z)$ 在以 z_0 为中心的圆环域 $r<|z-z_0|<R$ 内的**洛朗展开式**, 称它右边的级数为 $f(z)$ 在此圆环域内的**洛朗级数**. 在很多实际问题中, 常常需要把在某点 z_0 不解析但在 z_0 的去心邻域内解析的函数 $f(z)$ 展开成级数, 那就可以利用洛朗级数来展开.

最后,我们证明展开式的唯一性.

事实上,若 $f(z)$ 在圆环域 $r<|z-z_0|<R$ 内有另一洛朗展式:

$$f(z) = \sum_{n=-\infty}^{\infty} a_n (z-z_0)^n,$$

以$(z-z_0)^{-m-1}$去乘上式两端,并沿圆周C积分,利用积分

$$\oint_C (\zeta-z_0)^{n-m-1} \mathrm{d}\zeta = \begin{cases} 2\pi\mathrm{i}, & n=m \\ 0, & n \neq m \end{cases},$$

即得

$$\oint_C \frac{f(\zeta)\mathrm{d}\zeta}{(\zeta-z_0)^{m+1}} = \sum_{n=-\infty}^{+\infty} a_n \oint_C (\zeta-z)^{n-m-1}\mathrm{d}\zeta = 2\pi\mathrm{i}a_m,$$

于是

$$a_m = \frac{1}{2\pi\mathrm{i}} \oint_C \frac{f(\zeta)\mathrm{d}\zeta}{(\zeta-z_0)^{m+1}}, \quad m=0, \pm 1, \pm 2, \cdots,$$

故展开式是唯一的.

4.4.3 将函数展开成洛朗级数

因为洛朗展开式是唯一的,所以我们可以用任何可能的方法将解析函数$f(z)$在一个圆环域$r<|z-z_0|<R$内展开为洛朗级数. 下面介绍两种常用的方法:直接法和间接法.

1. 直接法

直接法就是直接利用洛朗定理计算系数c_n,具体公式如下:

$$c_n = \frac{1}{2\pi\mathrm{i}} \oint_C \frac{f(\zeta)}{(\zeta-z_0)^{n+1}} \mathrm{d}\zeta, \quad n=0, \pm 1, \pm 2, \cdots,$$

然后写出$f(z) = \sum_{n=-\infty}^{+\infty} c_n(z-z_0)^n$.

但是用这种方法时,计算系数一般是很麻烦的,所以只在个别情况下使用.

2. 间接法

很多实际问题中不用(4.14)式去求系数,而像求函数的泰勒展开式那样使用间接展开法.

例1 将函数$f(z) = z^2 \mathrm{e}^{\frac{1}{z}}$在圆环域$0<|z|<+\infty$内展开成洛朗级数.

解 函数$f(z) = z^2 \mathrm{e}^{\frac{1}{z}}$在圆环域$0<|z|<+\infty$内处处解析.

由于当$|z|<+\infty$时,e^z的展开式为

$$\mathrm{e}^z = 1 + z + \frac{z^2}{2!} + \frac{z^3}{3!} + \cdots + \frac{z^n}{n!} + \cdots,$$

而$\frac{1}{z}$在$0<|z|<+\infty$内解析,所以把上式中的z代换成$\frac{1}{z}$,两边同乘以z^2,即得所求的洛朗展开式

$$z^2 \mathrm{e}^{\frac{1}{z}} = z^2 \left(1 + \frac{1}{z} + \frac{1}{2!z^2} + \frac{1}{3!z^3} + \cdots + \frac{1}{n!z^n} + \cdots\right)$$
$$= z^2 + z + \frac{1}{2!} + \frac{1}{3!z} + \cdots + \frac{1}{n!z^{n-2}} + \cdots.$$

此例表明：圆环域的中心 $z=0$ 是函数 $z^2 \mathrm{e}^{\frac{1}{z}}$ 的奇点.

例 2 将函数 $f(z) = \dfrac{1}{(z-2)(z-3)}$ 在以下圆环域内展成洛朗级数.

(1) $0 < |z| < 2$； (2) $2 < |z| < 3$； (3) $3 < |z| < +\infty$.

解 先把 $f(z)$ 写成

$$f(z) = \frac{1}{(z-2)(z-3)} = \frac{1}{2-z} - \frac{1}{3-z}.$$

(1) 在 $0 < |z| < 2$ 内，由于 $|z| < 2$，从而 $\left|\dfrac{z}{2}\right| < 1, \left|\dfrac{z}{3}\right| < 1$. 所以

$$\frac{1}{2-z} = \frac{1}{2}\left(1 + \frac{z}{2} + \frac{z^2}{2^2} + \cdots + \frac{z^n}{2^n} + \cdots\right), \quad \left|\frac{z}{2}\right| < 1, \quad (4.16)$$

$$\frac{1}{3-z} = \frac{1}{3}\left(1 + \frac{z}{3} + \frac{z^2}{3^2} + \cdots + \frac{z^n}{3^n} + \cdots\right), \quad \left|\frac{z}{3}\right| < 1. \quad (4.17)$$

将上面两式相减即得

$$f(z) = \frac{1}{2}\left(1 + \frac{z}{2} + \frac{z^2}{2^2} + \cdots\right) - \frac{1}{3}\left(1 + \frac{z}{3} + \frac{z^2}{3^2} + \cdots + \frac{z^n}{3^n} + \cdots\right)$$
$$= \frac{1}{6} + \frac{5}{36}z + \frac{19}{216}z^2 + \cdots.$$

此时 $f(z)$ 的洛朗级数就是普通的泰勒级数.

(2) 在 $2 < |z| < 3$ 内，由于此时 $|z| > 2$，所以 (4.16) 式不再成立，但 $\left|\dfrac{2}{z}\right| < 1$，于是把 $\dfrac{1}{2-z}$ 作如下展开：

$$\frac{1}{2-z} = -\frac{1}{z}\frac{1}{1-\frac{2}{z}} = -\frac{1}{z}\left(1 + \frac{2}{z} + \frac{4}{z^2} + \cdots\right), \quad \left|\frac{2}{z}\right| < 1. \quad (4.18)$$

又因为 $\left|\dfrac{z}{3}\right| < 1$，因此 (4.17) 式仍然成立. 从而

$$f(z) = -\frac{1}{z}\left(1 + \frac{2}{z} + \frac{4}{z^2} + \cdots\right) - \frac{1}{3}\left(1 + \frac{z}{3} + \frac{z^2}{3^2} + \cdots + \frac{z^n}{3^n} + \cdots\right)$$
$$= \cdots - \frac{4}{z^3} - \frac{2}{z^2} - \frac{1}{z} - \frac{1}{3} - \frac{1}{9}z - \frac{1}{27}z^2 - \cdots.$$

(3) 在 $3 < |z| < +\infty$ 内，由于 $|z| > 3$，所以 (4.17) 式不再成立，但 $\left|\dfrac{3}{z}\right| < 1$，于是

把 $\dfrac{1}{3-z}$ 作如下展开：

$$\frac{1}{3-z}=-\frac{1}{z}\frac{1}{1-\dfrac{3}{z}}=-\frac{1}{z}\left(1+\frac{3}{z}+\frac{9}{z^2}+\cdots\right),$$

又因为 $\left|\dfrac{2}{z}\right|<\left|\dfrac{3}{z}\right|<1$，因此(4.18)式仍然成立. 从而

$$f(z)=-\frac{1}{z}\left(1+\frac{2}{z}+\frac{4}{z^2}+\cdots\right)+\frac{1}{z}\left(1+\frac{3}{z}+\frac{9}{z^2}+\cdots\right)$$

$$=\frac{1}{z^2}+\frac{5}{z^3}+\frac{19}{z^4}+\cdots.$$

(1) 此例表明：圆环域的中心 $z=0$ 是展开式各负幂项的奇点，但不是函数 $f(z)=\dfrac{1}{(z-2)(z-3)}$ 的奇点.

(2) 此例中 $f(z)$ 对应地得到了三个洛朗级数，但这并不与洛朗级数展开式的唯一性矛盾. 事实上，唯一性是对同一圆环域内的洛朗展开式唯一. 这里是以 $z=0$ 为中心的(由奇点 $z=2,z=3$ 隔开的)不同的圆环域，而函数在这些圆环域内解析，因而有不同的洛朗展开式.

(3) 另外由此例我们可以得出更一般的结论：根据不同的圆环域中心，函数的奇点要么在中心，要么在圆环域的内外圆周上；或者外圆周的半径为无穷大，从而确定不同的展开式. 比如例 2 的函数在复平面内有两个奇点：$z=2$ 和 $z=3$，分别在以 $z=0$ 为中心的圆周 $|z|=2$ 和 $|z|=3$ 上. 因此，函数在以 $z=0$ 为中心的圆环域内展开时有上面的三种形式；而这两个奇点也可以分别在以 $z=2$ 为中心的圆周 $|z-2|=1$ 上和中心处. 因此，函数在以 $z=2$ 为中心的圆环域内的展开式有下面两种：

(1) 在 $0<|z-2|<1$ 中的洛朗展开式；

(2) 在 $1<|z-2|<+\infty$ 中的洛朗展开式.

例 3 在 $z=\mathrm{i}$ 处将函数 $f(z)=\dfrac{1}{z^2(z-\mathrm{i})}$ 展开成洛朗级数.

解 因为 $f(z)$ 在复平面内有两个奇点 $z=0$ 和 $z=\mathrm{i}$，因此复平面被分成两个不相交的 $f(z)$ 的解析区域：(1) $0<|z-\mathrm{i}|<1$；(2) $1<|z-\mathrm{i}|<+\infty$.

$$f(z)=\frac{1}{z^2(z-\mathrm{i})}=\frac{1}{z^2}\frac{1}{z-\mathrm{i}}.$$

(1) 在 $0<|z-\mathrm{i}|<1$ 内，有 $\left|\dfrac{z-\mathrm{i}}{\mathrm{i}}\right|<1$ 成立，则由

$$\frac{1}{1+z}=1-z+z^2-\cdots+(-1)^n z^n+\cdots,\quad |z|<1,$$

有

$$\frac{1}{z} = \frac{1}{\mathrm{i}+(z-\mathrm{i})} = \frac{1}{\mathrm{i}\left(1+\frac{z-\mathrm{i}}{\mathrm{i}}\right)}$$

$$= \frac{1}{\mathrm{i}}\left(1 - \frac{z-\mathrm{i}}{\mathrm{i}} + \left(\frac{z-\mathrm{i}}{\mathrm{i}}\right)^2 - \cdots + (-1)^n \left(\frac{z-\mathrm{i}}{\mathrm{i}}\right)^n + \cdots\right)$$

$$= \frac{1}{\mathrm{i}} \sum_{n=0}^{\infty} (-1)^n \left(\frac{z-\mathrm{i}}{\mathrm{i}}\right)^n.$$

上式两边求导得

$$-\frac{1}{z^2} = \frac{1}{\mathrm{i}} \sum_{n=1}^{\infty} (-1)^n \frac{n}{\mathrm{i}^n} (z-\mathrm{i})^{n-1}.$$

故

$$f(z) = \frac{1}{z^2} \frac{1}{z-\mathrm{i}} = \left(-\frac{1}{\mathrm{i}} \sum_{n=1}^{\infty} (-1)^n \frac{n}{\mathrm{i}^n} (z-\mathrm{i})^{n-1}\right) \frac{1}{z-\mathrm{i}}$$

$$= \sum_{n=1}^{\infty} (-1)^{n+1} \frac{n}{\mathrm{i}^{n+1}} (z-\mathrm{i})^{n-2},$$

即

$$f(z) = -\sum_{n=-1}^{\infty} \mathrm{i}^{n+1} (n+2)(z-\mathrm{i})^n.$$

(2) 在 $1 < |z-\mathrm{i}| < +\infty$ 内,有 $\left|\frac{\mathrm{i}}{z-\mathrm{i}}\right| < 1$ 成立,则有

$$\frac{1}{z} = \frac{1}{\mathrm{i}+(z-\mathrm{i})} = \frac{1}{z-\mathrm{i}} \frac{1}{1+\frac{\mathrm{i}}{z-\mathrm{i}}} = \frac{1}{z-\mathrm{i}} \sum_{n=0}^{\infty} (-1)^n \left(\frac{\mathrm{i}}{z-\mathrm{i}}\right)^n.$$

上式两边求导得

$$-\frac{1}{z^2} = \sum_{n=0}^{\infty} (-1)^{n+1} \frac{\mathrm{i}^n (n+1)}{(z-\mathrm{i})^{n+2}}.$$

故

$$f(z) = \frac{1}{z^2} \frac{1}{z-\mathrm{i}} = \left(\sum_{n=0}^{\infty} (-1)^n \frac{\mathrm{i}^n (n+1)}{(z-\mathrm{i})^{n+2}}\right) \frac{1}{z-\mathrm{i}}$$

$$= \sum_{n=0}^{\infty} (-1)^n \frac{\mathrm{i}^n (n+1)}{(z-\mathrm{i})^{n+3}}.$$

例 4 在 $z=0$ 处将函数 $f(z) = \frac{\sin z}{z^3}$ 展开成洛朗级数.

解 函数 $f(z) = \frac{\sin z}{z^3}$ 在圆环域 $0 < |z| < +\infty$ 内处处解析.

由于当 $|z| < +\infty$ 时,$\sin z$ 的展开式为

$$\sin z = z - \frac{z^3}{3!} + \frac{z^5}{5!} + \cdots + (-1)^n \frac{z^{2n+1}}{(2n+1)!} + \cdots,$$

所以把上式两边同乘以 $\dfrac{1}{z^3}$，即得所求的洛朗展开式

$$\frac{\sin z}{z^3} = z^{-2} - \frac{1}{3!} + \frac{z^2}{5!} + \cdots + (-1)^n \frac{z^{2n-2}}{(2n+1)!} + \cdots.$$

小结

本章将实变函数中级数推广到复变函数的级数，研究了复变函数的幂级数和洛朗级数。

本章的内容清楚的表述了幂级数与解析函数的密切联系：幂级数在一定区域内收敛于一个解析函数；反之，一个解析函数在其解析点的邻域内能展开成幂级数。进而利用幂级数揭示解析函数在解析点邻域的性质。对于幂级数这一知识点，本章主要从以下几个方面来展开：

（1）判定复变函数项级数的敛散性的方法：首先考察是否满足必要条件（定理 4.3），若不满足，则级数发散；若满足，则进一步用充要条件（定理 4.2）或收敛准则（定理 4.4）做判定。总之，都是转化为实数项级数的敛散性讨论。

（2）求收敛半径，收敛域的方法：比值判别法和根值判别法。

（3）解析函数展开为泰勒级数的常用方法主要有两类，一是直接法，根据定理 4.9，求出所给函数的各阶导数，计算泰勒系数并代入公式（4.7）。这种方法计算太过复杂，往往常用间接法。由幂级数展开的唯一性，利用一些已知的泰勒展开式，通过幂级数的代数运算，复合运算及分析性质（逐项求导和逐项积分）等进行展开。

洛朗级数是幂级数推广，幂级数是洛朗级数的特殊情况。事实上，洛朗级数是由一个幂级数和一个只含有负幂项的级数相加而成。因此，洛朗级数的性质可由幂级数的性质导出。特别地可以导出：洛朗级数的和函数表示圆环域内的解析函数；反之，将圆环域内解析的函数展开成洛朗级数与幂级数一样，也须注意一些关键的问题。

（1）函数的洛朗级数与泰勒级数有何区别：函数在解析点的邻域内可展开成幂级数，即泰勒级数。而将一个解析函数在它的孤立奇点的邻域内或者在一个圆环域内表示成洛朗级数，另一方面也从级数所含正负幂项来加以区别。

（2）根据双边幂级数在其收敛圆环内是解析函数与洛朗展开定理知：函数在圆环域内解析的充要条件是它能在此圆环域内展开成双边幂级数。这也刻画了圆环域内解析函数的一个特征。

（3）函数展开为洛朗级数的常用方法很少用直接法，通常是采用间接法。设法将函数拆成两部分，一部分在圆盘 $|z-z_0| < R$ 内解析，就可以展开成幂级数；另一部分在圆周 $|z-z_0| = R$ 外部（不包括圆周上）解析，也可以展开成负次幂级数。这样，就可以将泰勒展开的方法运用过来。（对于负次幂部分，可以理解为含 $\dfrac{1}{z-z_0}$ 的正次幂

项的级数,从而运用泰勒展开的方法,如代数运算、代换、求导和积分等.)

圆环的一种特殊情形是一点的去心邻域.而当函数在某一奇点的去心邻域内解析,这一点便是函数的孤立奇点.因此,洛朗级数自然也是研究解析函数的孤立奇点的有力工具.这方面我们将在第 5 章进行研究.

习题四

1. 下列数列 $\{a_n\}$ 是否收敛？如果收敛,求出它们的极限：

(1) $a_n = \dfrac{1-ni}{1+ni}$；

(2) $a_n = \dfrac{i^n}{n} + \dfrac{1}{n^2}$；

(3) $a_n = (-1)^n + \dfrac{i}{3^n}$；

(4) $a_n = \dfrac{1}{n^2} e^{\frac{n\pi}{2}}$；

(5) $a_n = \dfrac{1}{2^n} + \dfrac{i}{n^3}$.

2. 复级数 $\sum\limits_{n=1}^{\infty} a_n$ 和 $\sum\limits_{n=1}^{\infty} b_n$ 都发散,则级数 $\sum\limits_{n=1}^{\infty} (a_n \pm b_n)$ 和 $\sum\limits_{n=1}^{\infty} a_n b_n$ 也都发散. 这一命题是否成立？为什么？

3. 判断下列级数的收敛性和绝对收敛性.

(1) $\sum\limits_{n=1}^{\infty} \left(\dfrac{i}{2^n} + \dfrac{2}{n^2} \right)$；

(2) $\sum\limits_{n=1}^{\infty} \dfrac{(1+i)^2}{n}$；

(3) $\sum\limits_{n=1}^{\infty} \dfrac{i^{2n}}{n^2}$；

(4) $\sum\limits_{n=1}^{\infty} \dfrac{e^{\frac{i n}{n}}}{n}$；

(5) $\sum\limits_{n=1}^{\infty} \dfrac{i^n}{n}$；

(6) $\sum\limits_{n=1}^{\infty} \dfrac{\cos in}{2^n}$.

4. 证明：若 $\operatorname{Re}(a_n) \geqslant 0$,且 $\sum\limits_{n=1}^{\infty} a_n$ 和 $\sum\limits_{n=1}^{\infty} b_n$ 都收敛,则级数 $\sum\limits_{n=1}^{\infty} a_n^2$ 绝对收敛.

5. 设级数 $\sum\limits_{n=0}^{\infty} a_n$ 收敛,而 $\sum\limits_{n=0}^{\infty} |a_n|$ 发散,证明：$\sum\limits_{n=0}^{\infty} a_n z^n$ 的收敛半径为 1.

6. 下列说法是否正确？请说明理由.

(1) 每一个幂级数在它的收敛圆周上处处收敛；

(2) 每一个幂级数的和函数在它的收敛圆内可能有奇点；

(3) 每一个在 z_0 连续的函数一定可以在 z_0 的邻域内展开成泰勒级数.

7. 若 $\sum\limits_{n=0}^{\infty} c_n z^n$ 的收敛半径为 R,b 为一复数,求 $\sum\limits_{n=0}^{\infty} \dfrac{c_n}{b^n} z^n$ 的收敛半径.

8. 求下列幂级数的收敛半径和收敛域：

(1) $\sum\limits_{n=1}^{\infty} \dfrac{z^n}{n^3}$(并讨论在收敛圆周上的情形);

(2) $\sum\limits_{n=1}^{\infty} \dfrac{1}{n^2}(z-1)^n$(并讨论在收敛圆周上的情形);

(3) $\sum\limits_{n=0}^{\infty} \dfrac{(z-\mathrm{i})^n}{n!}$;

(4) $\sum\limits_{n=1}^{\infty} \dfrac{1}{n^2 2^n} z^n$;

(5) $\sum\limits_{n=1}^{\infty} (1+2\mathrm{i})^n z^n$.

9. 求下列幂级数的和函数.

(1) $\sum\limits_{n=1}^{\infty} (-1)^n n z^n$;   (2) $\sum\limits_{n=1}^{\infty} (-1)^{n-1} \dfrac{z^n}{n}$.

10. 把下列函数展成 z 的幂级数,并指出它的收敛半径.

(1) $\dfrac{1}{1+z^3}$;   (2) $\dfrac{1}{(1-z)^2}$;

(3) e^{z^2};   (4) $\sin 2z$.

11. 把下列函数在指定点 z_0 处展成泰勒级数,并指出其收敛半径.

(1) $\dfrac{1}{z}, z_0=2$;   (2) $\dfrac{z+1}{z-1}, z_0=-1$;

(3) $\dfrac{1}{z^2}, z_0=2$;   (4) $\dfrac{1}{z^2+z-2}, z_0=0$;

(5) $\arctan z, z_0=0$;   (6) $\mathrm{e}^z, z_0=1$;

(7) $\dfrac{z}{z+2}, z_0=2$;   (8) $\dfrac{z}{z^2-3z-4}, z_0=0$.

12. 把下列函数在指定的环域内展为洛朗级数.

(1) $\dfrac{1}{(z-1)(z-2)}, 0<|z|<1, 1<|z|<2, 2<|z|<+\infty$;

(2) $\dfrac{z+1}{z^2(z-1)}, 0<|z|<1, 1<|z|<+\infty$;

(3) $\dfrac{1}{z(1-z)^2}, 0<|z|<1, 0<|z-1|<1$;

(4) $\dfrac{1}{z^2(z-\mathrm{i})}, 0<|z|<1, 1<|z-\mathrm{i}|<+\infty$;

(5) $\dfrac{1}{z^2+1}$,在以 i 为中心的圆环域内;

(6) $\sin\dfrac{1}{1-z}, 0<|z-1|<+\infty$;

(7) $e^{\frac{1}{1-z}}, 1<|z|<+\infty$.

13. 某人先作如下运算：
$$\frac{z}{1-z}=z+z^2+z^3+\cdots, \qquad \frac{z}{z-1}=1+\frac{1}{z}+\frac{1}{z^2}+\cdots,$$
于是根据 $\dfrac{z}{z-1}+\dfrac{z}{1-z}=0$ 得
$$\cdots+\frac{1}{z^3}+\frac{1}{z^2}+\frac{1}{z}+1+z+z^2+z^3+\cdots=0.$$
问这样得到的结果正确吗？请说明理由.

14. 证明函数 $f(z)=\sin\left(z+\dfrac{1}{z}\right)$ 用 z 的幂表示的洛朗展开式的系数为
$$c_n=\frac{1}{2\pi}\int_0^{2\pi}\cos n\theta\sin(2\cos\theta)\mathrm{d}\theta,\quad n=0,\pm1,\pm2,\cdots.$$
（提示：在定理(4.8)的系数公式中，令 $C:|z|=1, \zeta=e^{i\theta}$，再验证 c_n 的积分公式中的虚部等于零.）

15. 如果 C 为正向圆周 $|z|=3$，求积分 $\oint_C f(z)\mathrm{d}z$ 的值，其中 $f(z)$ 为：

(1) $\dfrac{2+z}{z(1+z)}$; (2) $\dfrac{2z}{(z+2)(1+z)}$.

第 5 章 留 数

本章以洛朗级数为工具,将函数的孤立奇点进行分类,并在此基础上介绍留数的概念及其计算方法,由此引入本章的中心内容——留数定理.利用留数定理能够将沿封闭曲线的积分转化为计算函数在孤立奇点处的留数,对于定积分中的一部分较难、较繁的反常积分,使用留数可以大大简化计算.此外,柯西-古萨定理和柯西积分公式其实都是留数定理的特殊情况.留数定理是理论探讨的基础,在实际应用中具有重要意义.

5.1 孤立奇点

5.1.1 孤立奇点的定义及其分类

定义 5.1 如果函数 $f(z)$ 在 z_0 处不解析,且函数 $f(z)$ 在 z_0 的某个去心邻域 $0<|z-z_0|<\delta$ 内处处解析,那么称 z_0 为 $f(z)$ 的**孤立奇点**.

例如,$z=4$ 是 $f(z)=\dfrac{1}{z-4}$ 的孤立奇点.事实上,函数 $f(z)$ 在 $z=4$ 的去心邻域 $0<|z-4|<\delta$ 内处处解析.

注意 并非所有奇点都是孤立奇点.

例如,$z=0$ 是函数 $f(z)=\dfrac{1}{\cos\dfrac{1}{z}}$ 的奇点,但 $f(z)$ 在 $z=0$ 的去心邻域 $0<|z|<\delta$ 内总有奇点 $z=\dfrac{1}{\dfrac{\pi}{2}+k\pi}(k=0,\pm 1,\cdots)$,故 $z=0$ 不是 $f(z)$ 的孤立奇点.

若 z_0 是函数 $f(z)$ 的孤立奇点,则 $f(z)$ 在 z_0 处可展开洛朗级数,其解析性由展开式中负幂项决定,有三种情况:级数中不含有负幂项,如 4.4 节例 1;含有有限多个负幂项,如 4.4 节例 4;含有无穷多个负幂项,如 4.4 节例 2(3).

定义 5.2 若函数 $f(z)$ 在孤立奇点 z_0 的邻域内洛朗级数展开式 $f(z)=\sum\limits_{n=0}^{\infty}c_n(z-$

$z_0)^n + \sum_{n=1}^{\infty} c_{-n}(z-z_0)^{-n}$ 中,

(1) 无负幂次项,则称点 z_0 是 $f(z)$ 的**可去奇点**;

(2) 有有限多个负幂项且负幂次的最高项为 $c_{-m}(z-z_0)^{-m}$,

$$f(z) = c_{-m}(z-z_0)^{-m} + \cdots + c_{-1}(z-z_0)^{-1} + c_0 + c_1(z-z_0) + \cdots,$$

则称 z_0 是 $f(z)$ 的 m 级**极点**;

(3) 有无穷多个负幂次项,则称点 z_0 是 $f(z)$ 的**本性奇点**.

说明 用此定义去判定奇点类别有时较为麻烦,通常选取如下判定方法.

5.1.2 孤立奇点的判定

1. 可去奇点

定理 5.1 函数 $f(z)$ 在 $0<|z-z_0|<\delta$ 内解析,点 z_0 是 $f(z)$ 的可去奇点的充要条件是

$$\lim_{z \to z_0} f(z) = c_0,$$

其中 c_0 为复数.(证明略)

例 1 验证 $z=0$ 是函数 $f(z) = \dfrac{\mathrm{e}^z - 1}{z}$ 的可去奇点.

解 因为

$$\lim_{z \to 0} f(z) = \lim_{z \to 0} \frac{\mathrm{e}^z - 1}{z} = 1,$$

由定理 5.1 知,$z=0$ 是函数 $f(z) = \dfrac{\mathrm{e}^z - 1}{z}$ 的可去奇点.

如果对函数补充定义,使 $f(z) = \begin{cases} \dfrac{\mathrm{e}^z - 1}{z}, & z \neq 0 \\ 1, & z = 0 \end{cases}$,则 $f(z)$ 在 $z=0$ 处解析.

2. 极点

定理 5.2 z_0 是函数 $f(z)$ 的 m 级极点的充要条件是

$$f(z) = \frac{1}{(z-z_0)^m} g(z), \tag{5.1}$$

其中 $g(z)$ 在 $|z-z_0|<\delta$ 内解析且 $g(z_0) \neq 0$,m 为正整数.

证 **必要性** 若 z_0 是函数 $f(z)$ 的 m 级极点,那么 $f(z)$ 在 $0<|z-z_0|<\delta$ 内的洛朗展开式为

$$f(z) = c_{-m}(z-z_0)^{-m} + \cdots + c_{-1}(z-z_0)^{-1} + c_0 + c_1(z-z_0) + \cdots, \quad c_{-m} \neq 0,$$

即

$$f(z) = \frac{1}{(z-z_0)^m}[c_{-m} + c_{-m+1}(z-z_0) + \cdots + c_{-1}(z-z_0)^{m-1}$$

$$+ c_0(z-z_0)^m + \cdots + c_n(z-z_0)^{m+n} + \cdots]$$
$$= \frac{1}{(z-z_0)^m} g(z),$$

其中
$$g(z) = c_{-m} + c_{-m+1}(z-z_0) + \cdots + c_0(z-z_0)^m + \cdots + c_n(z-z_0)^{m+n} + \cdots,$$
故 $g(z)$ 在 $|z-z_0|<\delta$ 内解析,且 $g(z_0)=c_{-m}\neq 0$.

充分性 若函数 $f(z)$ 能表示成(5.1)式的形式,且 $g(z_0)\neq 0$,那么负幂次的最高项为 $c_{-m}(z-z_0)^{-m}$,则 z_0 是 $f(z)$ 的 m 级极点.

例 2 判断有理分式函数 $f(z)=\frac{1}{(z-1)^2}(2z+1)$ 孤立奇点的类型.

解 $z=1$ 是 $f(z)$ 的孤立奇点,且
$$f(z) = \frac{1}{(z-1)^2}(2z+1),$$
由定理 5.2 可知,$m=2$,$g(z)=2z+1$,则 $g(z)$ 在 $|z-1|<\delta$ 内解析且 $g(1)=2\neq 0$,所以 $z=1$ 是 $f(z)$ 的二级极点.

定理 5.3 若 $f(z)$ 在 $0<|z-z_0|<\delta$ 内解析,则 z_0 是 $f(z)$ 的极点的充要条件是
$$\lim_{z\to z_0} f(z) = \infty.$$

例如,$f(z)=\frac{z+1}{z(z-1)}$ 的极点有 $z=0$,$z=1$.

此外,还可以根据零点判定函数 $f(z)$ 的极点.

定义 5.3 解析函数 $f(z)$ 若能表示成
$$f(z) = (z-z_0)^m \varphi(z). \tag{5.2}$$
其中 $\varphi(z)$ 在 z_0 解析且 $\varphi(z_0)\neq 0$,m 为某一正整数,那么称 z_0 为 $f(z)$ 的 m **级零点**.

例如,$z=0$,$z=3$ 分别是函数 $f(z)=z^3(z-3)$ 的三级零点和一级零点.

定理 5.4 如果 $f(z)$ 在 z_0 处解析,那么 z_0 是 $f(z)$ 的 m 级零点的充要条件是
$$f^n(z_0) = 0 (n=0,1,2,\cdots,m-1), \quad f^m(z_0) \neq 0. \tag{5.3}$$

证 必要性 如果 z_0 是 $f(z)$ 的 m 级零点,则由定义 5.3 知
$$f(z) = (z-z_0)^m \varphi(z),$$
其中 $\varphi(z)$ 在 z_0 解析且 $\varphi(z_0)\neq 0$,那么,$\varphi(z_0)=c_0\neq 0$,由 4.3 节可知 $\varphi(z)$ 在 z_0 处解析,则 $\varphi(z)$ 能展开成泰勒级数
$$\varphi(z) = c_0 + c_1(z-z_0) + \cdots + c_n(z-z_0)^n + \cdots,$$
其中 $c_0=\varphi(z_0)\neq 0$,则
$$f(z) = c_0(z-z_0)^m + c_1(z-z_0)^{m+1} + \cdots + c_n(z-z_0)^{m+n} + \cdots,$$
由泰勒展开式的系数可知
$$f^{(n)}(z_0) = 0(n=0,1,2,\cdots,m-1), \quad 而 \quad \frac{f^{(m)}(z_0)}{m!} = c_0 \neq 0.$$

充分性的证明留给同学们自行完成.

例 3 判断 $z=4$ 是 $f(z)=z^2-16$ 的几级零点?

解 $f'(4)=(z^2-16)'\big|_{z=4}=2z\big|_{z=4}=8\neq 0$,由定理 5.2 可知,$z=4$ 是函数 $f(z)$ 的一级零点.

函数的零点与极点存在如下关系:

定理 5.5 如果 z_0 是 $f(z)$ 的 m 级极点,那么 z_0 就是 $\dfrac{1}{f(z)}$ 的 m 级零点;反之也成立.

证 必要性 如果 z_0 是 $f(z)$ 的 m 级极点,由(5.1)式有
$$f(z)=\frac{1}{(z-z_0)^m}g(z),$$
其中 $g(z)$ 在 $|z-z_0|<\delta$ 内解析且 $g(z_0)\neq 0$.

当 $z\neq z_0$ 时,
$$\frac{1}{f(z)}=(z-z_0)^m\frac{1}{g(z)}=(z-z_0)^m h(z),$$
其中函数 $h(z)=\dfrac{1}{g(z)}$.因为 $g(z_0)\neq 0$,则 $h(z)=\dfrac{1}{g(z)}$ 在 z_0 解析且 $h(z_0)\neq 0$,故 z_0 是 $\dfrac{1}{f(z)}$ 的 m 级零点.

充分性 如果 z_0 是 $\dfrac{1}{f(z)}$ 的 m 级零点,由定义 5.3 可知
$$\frac{1}{f(z)}=(z-z_0)^m\varphi(z),$$
其中 $\varphi(z)$ 在 z_0 处解析且 $\varphi(z_0)\neq 0$,那么
$$f(z)=\frac{1}{(z-z_0)^m}\cdot\frac{1}{\varphi(z)}.$$
令 $\psi(z)=\dfrac{1}{\varphi(z)}$,则
$$f(z)=\frac{1}{(z-z_0)^m}\psi(z),$$
故 $\psi(z)$ 在 z_0 解析且有 $\psi(z_0)\neq 0$,即 z_0 是 $f(z)$ 的 m 级极点.

例 4 函数 $f(z)=\dfrac{1}{\sin z}$ 有哪些奇点,如果是极点,指出极点的级数.

解 若 $\sin z=0$,则 $z=k\pi (k=0,\pm 1,\pm 2,\cdots)$.由于
$$(\sin z)'\big|_{z=k\pi}=\cos z\big|_{z=k\pi}=(-1)^k\neq 0,$$
由定理 5.4 知 $z=k\pi, k=0,\pm 1,\pm 2,\cdots$ 都是 $\sin z$ 的一级零点,也就是 $f(z)=\dfrac{1}{\sin z}$ 的一级极点.

但需注意的是,判断极点级别时,不能单从函数的表面形式给出定论,因为有些

函数的表达式不能真实反映极点的级数. 如函数 $f(z) = \dfrac{e^z - 1}{z^2}$, 从形式上看 $z = 0$ 是函数的二级极点. 事实上,

$$\dfrac{e^z - 1}{z^2} = \dfrac{1}{z^2}\left(\sum_{n=0}^{\infty}\dfrac{z^n}{n!} - 1\right) = \dfrac{1}{z} + \dfrac{1}{2!} + \dfrac{z}{3!} + \cdots,$$

由定义知 $z = 0$ 是 $f(z) = \dfrac{e^z - 1}{z^2}$ 的一级极点, 而非二级极点.

3. 本性奇点

定义 5.4 当 $f(z)$ 在 $0 < |z - z_0| < \delta$ 内的洛朗级数展开式含有无穷多个 $z - z_0$ 的负幂项, 则称孤立奇点 z_0 为 $f(z)$ 的**本性奇点**.

例如, 函数 $f(z) = e^{\frac{1}{z}}$ 在 $z = 0$ 的洛朗展开式为

$$e^{\frac{1}{z}} = 1 + z^{-1} + \dfrac{1}{2!}z^{-2} + \cdots + \dfrac{1}{n!}z^{-n} + \cdots,$$

则 $z = 0$ 是函数 $f(z) = e^{\frac{1}{z}}$ 的本性奇点.

综上所述, 判定孤立奇点的主要方法归纳如下:

表 5.1 (有限)孤立奇点类型的判别法

孤立奇点	洛朗级数特点	$\lim\limits_{z \to z_0} f(z)$
可去奇点	无负幂项	存在且为有限值
m 级极点	含有有限个负幂项 关于 $(z-z_0)^{-1}$ 的最高负幂项为 $(z-z_0)^{-m}$	∞
本性奇点	含有无穷多个负幂项	不存在且不为 ∞

5.1.3 无穷远点

如果函数 $f(z)$ 在无穷远点 $z = \infty$ 的去心邻域 $R < |z| < +\infty$ 内解析, 那么称 ∞ 为 $f(z)$ 的孤立奇点.

作变换 $z = \dfrac{1}{t}$, 记 $g(t) = f\left(\dfrac{1}{t}\right)$, 将在去心邻域 $R < |z| < +\infty$ 内对函数 $f(z)$ 的研究转化为在去心邻域 $0 < |t| < \dfrac{1}{R}$ 内对函数 $g(t)$ 的研究. 显然, $g(t)$ 在 $0 < |t| < \dfrac{1}{R}$ 内解析, 即 $t = 0$ 是 $g(t)$ 的孤立奇点.

如果 $t = 0$ 是 $g(t)$ 的可去奇点、m 级极点或本性奇点, 那么就称点 $z = \infty$ 是 $f(z)$ 的可去奇点、m 级极点或本性奇点.

若 $f(z)$ 在 $R < |z| < +\infty$ 内解析, 则 $f(z)$ 在圆环域内展开的洛朗级数为

$$f(z) = \sum_{n=1}^{\infty} c_{-n} z^{-n} + \sum_{n=0}^{\infty} c_n z^n = \sum_{n=1}^{\infty} c_{-n} z^{-n} + c_0 + \sum_{n=1}^{\infty} c_n z^n,$$

当作变换 $z=\dfrac{1}{t}$ 后,有

$$g(t)=\sum_{n=1}^{\infty}c_{-n}t^n+\sum_{n=0}^{\infty}c_n t^{-n}=\sum_{n=1}^{\infty}c_{-n}t^n+c_0+\sum_{n=1}^{\infty}c_n t^{-n}, \tag{5.4}$$

即为 $g(t)$ 在 $0<|t|<\dfrac{1}{R}$ 内的洛朗级数. 如果(5.4)式中不含负幂项、含有有限多个负幂项(t^{-m} 为最高幂)、含有无穷多个负幂项,对应的 $f(z)$ 展开式中不含正幂项、含有有限多个正幂项(z^m 为最高次幂)、含有无穷多个正幂项,那么 $t=0$ 分别是 $g(t)$ 的可去奇点、m 级极点及本性奇点,则点 $z=\infty$ 是 $f(z)$ 的可去奇点、m 级极点或本性奇点.

表 5.2　$z=\infty$ 孤立奇点类型的判别法

孤立奇点类型	$f(z)$ 在 $R<|z|<+\infty$ 内的洛朗级数展开式	$\lim\limits_{z\to\infty}f(z)$
可去奇点	不含正幂项	存在
m 级极点	含有限多个正幂项,且 z^m 为最正幂项	∞
本性奇点	含有无穷多个正幂项	不存在且不为 ∞

例 5　判定 $z=\infty$ 是函数 $f(z)=\dfrac{z}{z-1}$ 的什么类型的孤立奇点?

解　$f(z)=\dfrac{z}{z-1}$ 在圆环域 $1<|z|<+\infty$ 内解析,可以展开成

$$f(z)=\dfrac{1}{1-\dfrac{1}{z}}=1+\dfrac{1}{z}+\dfrac{1}{z^2}+\cdots+\dfrac{1}{z^n}+\cdots,\quad 1<|z|<+\infty,$$

其中不含正幂项,故 $z=\infty$ 是 $f(z)$ 的可去奇点.

例 6　判定 $z=\infty$ 是函数 $\cos z$ 的什么类型的孤立奇点?

解　由于

$$\cos z=1-\dfrac{z^2}{2!}+\dfrac{z^4}{4!}-\cdots+(-1)^n\dfrac{z^{2n}}{(2n)!}+\cdots,\quad 0<|z|<+\infty$$

展开式中含有无穷多的正幂项,则 $z=\infty$ 是它的本性奇点.

5.2　留数

5.2.1　留数的概念

如果 $f(z)$ 在 z_0 的邻域内解析,由柯西-古萨定理,则 $f(z)$ 在 z_0 的邻域内的任意一条简单闭曲线 C,都有 $\oint_C f(z)\mathrm{d}z=0$.

而如果 z_0 是 $f(z)$ 的孤立奇点,那么对于圆环域 $0<|z-z_0|<\delta$ 内包含 z_0 的任

意一条正向简单闭曲线 C，积分 $\oint_C f(z)\mathrm{d}z$ 的值不一定等于零. 此时，可以将 $f(z)$ 在此邻域内展开成洛朗级数：

$$f(z) = \cdots + c_{-n}(z-z_0)^{-n} + \cdots + c_{-1}(z-z_0)^{-1} + c_0$$
$$+ c_1(z-z_0) + \cdots + c_n(z-z_0)^n + \cdots.$$

对上式两端沿 C 逐项积分，得

$$\oint_C f(z)\mathrm{d}z = \oint_C [\cdots + c_{-n}(z-z_0)^{-n} + \cdots + c_{-2}(z-z_0)^{-2}]\mathrm{d}z$$
$$+ \oint_C c_{-1}(z-z_0)^{-1}\mathrm{d}z + \oint_C [c_0 + c_1(z-z_0) + \cdots]\mathrm{d}z.$$

对于负幂项 $\cdots + c_{-n}(z-z_0)^{-n} + \cdots + c_{-2}(z-z_0)^{-2}$，由高阶导数公式知积分等于零；对于正幂项 $c_0 + c_1(z-z_0) + \cdots + c_n(z-z_0)^n + \cdots$，由柯西-古萨定理知积分值也等于零. 则有

$$\oint_C f(z)\mathrm{d}z = \oint_C c_{-1}\frac{1}{z-z_0}\mathrm{d}z = c_{-1} 2\pi\mathrm{i}.$$

定义 5.5 若 $\oint_C f(z)\mathrm{d}z = 2\pi\mathrm{i} c_{-1}$，称该积分值除以 $2\pi\mathrm{i}$ 后所得的数为函数 $f(z)$ 在 z_0 的**留数**，记作

$$\mathrm{Res}[f(z), z_0] = \frac{1}{2\pi\mathrm{i}}\oint_C f(z)\mathrm{d}z,$$

所以有

$$\mathrm{Res}[f(z), z_0] = c_{-1}, \tag{5.5}$$

即 $f(z)$ 在 z_0 的留数是 $f(z)$ 在以 z_0 为中心的圆环域内的洛朗级数展开式中负幂项 $c_{-1}(z-z_0)^{-1}$ 的系数.

例 1 求下列积分的值，其中 C 为包含 $z=0$ 的简单正向闭曲线.

(1) $\oint_C \dfrac{\sin z}{z^2}\mathrm{d}z$； (2) $\oint_C \mathrm{e}^{\frac{1}{z^3}}\mathrm{d}z$

解 (1) 由 $f(z) = \dfrac{\sin z}{z^2}$，$z=0$ 是 $f(z)$ 的孤立奇点.

因为

$$\sin z = z - \frac{z^3}{3!} + \frac{z^5}{5!} - \cdots, \quad |z| < +\infty,$$

所以

$$\frac{\sin z}{z^2} = \frac{1}{z} - \frac{z}{3!} + \frac{z^3}{5!} - \cdots, \quad 0 < |z| < +\infty,$$

那么

$$\mathrm{Res}\left[\frac{\sin z}{z^2}, 0\right] = 1.$$

$$\oint_C \frac{\sin z}{z^2} dz = 2\pi i \cdot \text{Res}\left[\frac{\sin z}{z^2}, 0\right] = 2\pi i.$$

(2) 由 $f(z) = e^{\frac{1}{z^3}}$，则 $z=0$ 是 $f(z)$ 的孤立奇点．
因为
$$e^z = 1 + z + \frac{z^2}{2!} + \frac{z^3}{3!} + \cdots,$$
所以
$$e^{\frac{1}{z^3}} = 1 + \frac{1}{z^3} + \frac{1}{2! z^6} + \frac{1}{3! z^9} + \cdots,$$
则 $\text{Res}\left[e^{\frac{1}{z^3}}, 0\right] = 0$，所以
$$\oint_C e^{\frac{1}{z^3}} dz = 2\pi i \cdot 0 = 0.$$

对于积分 $\oint_C f(z)dz$ 的计算，如果闭曲线 C 内仅含有 $f(z)$ 的一个孤立奇点，则可利用(5.5)式来求积分值．但如果闭曲线 C 内含有的奇点数较多，则转化为 $f(z)$ 在 C 内的各孤立奇点的留数的和的计算，即为留数定理．

定理 5.6（留数定理） 设函数 $f(z)$ 在区域 D 内除有限个孤立奇点 $z_1, z_2, \cdots, z_n$ 以外处处解析，C 是 D 内包含各奇点的一条正向简单闭曲线，那么
$$\oint_C f(z)dz = 2\pi i \cdot \sum_{k=1}^{n} \text{Res}[f(z), z_k].$$

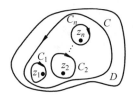

图 5.1

证明 如图 5.1 所示，以 z_k 为圆心作一组完全含在 C 内且互不相交的正向小圆 $C_k: |z - z_k| = \delta_k (k=1,2,\cdots,n)$，则由复合闭路定理可知
$$\oint_C f(z)dz = \oint_{C_1} f(z)dz + \oint_{C_2} f(z)dz + \cdots + \oint_{C_n} f(z)dz,$$
而
$$\oint_{C_k} f(z)dz = 2\pi i \cdot \text{Res}[f(z), z_k], \quad k=1,2,\cdots,n,$$
所以
$$\oint_C f(z)dz = 2\pi i \sum_{k=1}^{n} \text{Res}[f(z), z_k].$$

根据留数定理，求沿封闭曲线 C 上函数 $f(z)$ 的积分就是求 $f(z)$ 在 C 内的各孤立奇点处的留数．一般情况下，通过展开洛朗级数得到 c_{-1}，而当洛朗级数难以展开时，则可由孤立奇点求留数．

5.2.2 留数的计算

（1）如果 z_0 是 $f(z)$ 的可去奇点，由洛朗级数中无负幂项可知
$$\text{Res}[f(z), z_0] = 0.$$

（2）如果 z_0 是 $f(z)$ 的本性奇点，主要通过展开函数 $f(z)$ 的洛朗级数来确定 $\text{Res}[f(z), z_0]$.

（3）如果 z_0 是 $f(z)$ 的极点，可由以下规则Ⅰ～规则Ⅲ求留数.

规则Ⅰ 如果 z_0 是 $f(z)$ 的 m 级极点，那么
$$\text{Res}[f(z), z_0] = \frac{1}{(m-1)!} \lim_{z \to z_0} \frac{\mathrm{d}^{m-1}}{\mathrm{d}z^{m-1}}[(z-z_0)^m f(z)]. \tag{5.6}$$

证明 若 z_0 是 $f(z)$ 的 m 级极点，则 $f(z)$ 的洛朗级数展开式为
$$f(z) = c_{-m}(z-z_0)^{-m} + \cdots + c_{-2}(z-z_0)^{-2} + c_{-1}(z-z_0)^{-1}$$
$$+ c_0 + c_1(z-z_0) + \cdots,$$

其中 $m \geqslant 1, c_{-m} \neq 0$. 将上式两端同乘以 $(z-z_0)^m$，得
$$(z-z_0)^m f(z) = c_{-m} + c_{-m+1}(z-z_0) + \cdots + c_{-1}(z-z_0)^{m-1}$$
$$+ c_0(z-z_0)^m + \cdots.$$

两边求 $m-1$ 阶导数，得
$$\frac{\mathrm{d}^{m-1}}{\mathrm{d}z^{m-1}}[(z-z_0)^m f(z)] = (m-1)!c_{-1} + S(z), \tag{5.7}$$

其中 $S(z)$ 为含有 $(z-z_0)$ 正幂项的部分.

令 $z \to z_0$，对 (5.7) 式两边求极限，得
$$\lim_{z \to z_0} \frac{\mathrm{d}^{m-1}}{\mathrm{d}z^{m-1}}[(z-z_0)^m f(z)] = (m-1)!c_{-1}.$$

那么
$$\text{Res}[f(z), z_0] = \frac{1}{(m-1)!} \lim_{z \to z_0} \frac{\mathrm{d}^{m-1}}{\mathrm{d}z^{m-1}}[(z-z_0)^m f(z)].$$

特别地，当 $m=1$ 时，即得规则Ⅱ.

规则Ⅱ 如果 z_0 是 $f(z)$ 的一级极点，那么
$$\text{Res}[f(z), z_0] = \lim_{z \to z_0}(z-z_0)f(z).$$

例如，$z=0$ 是 $f(z) = \dfrac{e^z}{z}$ 的一级极点，故有 $\text{Res}\left[\dfrac{e^z}{z}, 0\right] = \lim_{z \to 0} z \cdot \dfrac{e^z}{z} = 1$.

例 2 求函数 $f(z) = \dfrac{3z-2}{(z-1)^2(z-2)}$ 分别在 $z=1$ 和 $z=2$ 处的留数.

解 由定理 5.2 可知，$z=1$ 是 $f(z)$ 的二级极点，根据规则Ⅰ有
$$\text{Res}[f(z), 1] = \frac{1}{1!} \lim_{z \to 1} \frac{\mathrm{d}}{\mathrm{d}z}[(z-1)^2 f(z)]$$

$$= \lim_{z \to 1} \frac{\mathrm{d}}{\mathrm{d}z}\left(\frac{3z-2}{z-2}\right) = \lim_{z \to 1}\left[-\frac{4}{(z-2)^2}\right] = -4.$$

$z=2$ 是 $f(z)$ 的一级极点，由规则Ⅱ有

$$\operatorname{Res}[f(z),2] = \lim_{z \to 2}[(z-2)f(z)] = \lim_{z \to 2}\frac{3z-2}{(z-1)^2} = 4.$$

有时使用以下规则更为方便．

规则Ⅲ 对于 $f(z) = \dfrac{P(z)}{Q(z)}$，$P(z)$ 和 $Q(z)$ 在 z_0 处解析．若 $P(z_0) \neq 0$，$Q(z_0)=0$，$Q'(z_0) \neq 0$，那么 z_0 是 $f(z)$ 的一级极点，则有

$$\operatorname{Res}[f(z),z_0] = \frac{P(z_0)}{Q'(z_0)}.$$

证 因为 $Q(z_0)=0$，$Q'(z_0) \neq 0$，所以 z_0 是 $Q(z)$ 的一级零点，则 z_0 是 $\dfrac{1}{Q(z)}$ 的一级极点．

由定理 5.2，有

$$\frac{1}{Q(z)} = \frac{1}{z-z_0}\varphi(z),$$

其中 $\varphi(z)$ 在 $|z-z_0| < \delta$ 解析且 $\varphi(z_0) \neq 0$．因此

$$f(z) = \frac{1}{z-z_0}\varphi(z)P(z),$$

其中 $P(z)$ 在 z_0 处解析且 $P(z_0) \neq 0$，故 $\varphi(z)P(z)$ 在 z_0 处解析且 $\varphi(z_0)P(z_0) \neq 0$，则 z_0 是 $f(z)$ 的一级极点．

由规则Ⅲ得

$$\operatorname{Res}[f(z),z_0] = \lim_{z \to z_0}(z-z_0)f(z) = \lim_{z \to z_0}(z-z_0)\frac{P(z)}{Q(z)} = \lim_{z \to z_0}\frac{P(z)}{\dfrac{Q(z)-Q(z_0)}{z-z_0}}$$

$$= \frac{P(z_0)}{Q'(z_0)}.$$

例 3 计算 $f(z) = \dfrac{\mathrm{e}^z}{\sin z}$ 在 $z=0$ 处的留数．

解 $P(z) = \mathrm{e}^z$，$Q(z) = \sin z$ 且 $P(0) = 1 \neq 0$，$Q(0) = 0$，$Q'(0) = \cos z\big|_{z=0} = 1 \neq 0$，由规则Ⅲ有

$$\operatorname{Res}[f(z),0] = \frac{P(0)}{Q'(0)} = 1.$$

应用上述规则相当于把留数的计算转化为微分运算．对于某些级数较高的极点或求导较复杂的问题，需综合考虑求法．

例 4 计算 $f(z) = \dfrac{z-\sin z}{z^6}$ 在 $z=0$ 处的留数．

解 $P(0)=(z-\sin z)\big|_{z=0}=0$, $P'(0)=(1-\cos z)\big|_{z=0}=0$,

$$P''(0)=\sin z\big|_{z=0}=0, \quad P'''(0)=\cos z\big|_{z=0}=1\neq 0.$$

所以 $z=0$ 是 $z-\sin z$ 的三级零点,则 $z=0$ 是 $f(z)$ 的三级极点.

由规则 I 得

$$\text{Res}\left[\frac{z-\sin z}{z^6},0\right]=\frac{1}{(3-1)!}\lim_{z\to 0}\frac{\mathrm{d}^2}{\mathrm{d}z^2}\left(z^3\cdot\frac{z-\sin z}{z^6}\right)$$

$$=\frac{1}{2!}\lim_{z\to 0}\frac{\mathrm{d}^2}{\mathrm{d}z^2}\left(\frac{z-\sin z}{z^3}\right)$$

$$=\cdots.$$

此运算非常复杂. 若展开洛朗级数求 c_{-1} 就比较方便. 于是有

$$\frac{z-\sin z}{z^6}=\frac{1}{z^6}\left[z-\left(z-\frac{1}{3!}z^3+\frac{1}{5!}z^5-\cdots\right)\right]=\frac{1}{3!z^3}-\frac{1}{5!z}+\cdots.$$

所以

$$\text{Res}\left[\frac{z-\sin z}{z^6},0\right]=c_{-1}=-\frac{1}{5!}.$$

例 5 利用留数计算积分 $\oint_C\frac{\sin z}{z}\mathrm{d}z$, C 为正向圆周:$|z|=\frac{3}{2}$.

解 $z=0$ 是 $f(z)=\frac{\sin z}{z}$ 的可去奇点,且 $z=0$ 在积分曲线 $|z|=\frac{3}{2}$ 内.

由留数定理得

$$\oint_C\frac{\sin z}{z}\mathrm{d}z=2\pi\mathrm{i}\cdot\text{Res}\left[\frac{\sin z}{z},0\right]=0.$$

例 6 计算积分 $\oint_C\frac{\mathrm{e}^z}{z^2-1}\mathrm{d}z$, C 为正向圆周:$|z|=2$.

解 由于在圆 $|z|<2$ 内有 $f(z)=\frac{\mathrm{e}^z}{z^2-1}$ 的两个一级极点 $z=1$ 和 $z=-1$,由留数定理得

$$\oint_C\frac{\mathrm{e}^z}{z^2-1}\mathrm{d}z=2\pi\mathrm{i}\cdot\text{Res}\left[\frac{\mathrm{e}^z}{z^2-1},1\right]+2\pi\mathrm{i}\cdot\text{Res}\left[\frac{\mathrm{e}^z}{z^2-1},-1\right].$$

根据规则 II 有

$$\text{Res}\left[\frac{\mathrm{e}^z}{z^2-1},1\right]=\lim_{z\to 1}(z-1)\frac{\mathrm{e}^z}{z^2-1}=\lim_{z\to 1}\frac{\mathrm{e}^z}{z+1}=\frac{\mathrm{e}}{2}.$$

$$\text{Res}\left[\frac{\mathrm{e}^z}{z^2-1},-1\right]=\lim_{z\to -1}(z+1)\frac{\mathrm{e}^z}{z^2-1}=\lim_{z\to -1}\frac{\mathrm{e}^z}{z-1}=-\frac{\mathrm{e}^{-1}}{2}.$$

所以

$$\oint_C\frac{\mathrm{e}^z}{z^2-1}\mathrm{d}z=2\pi\mathrm{i}\cdot\left(\frac{\mathrm{e}}{2}-\frac{\mathrm{e}^{-1}}{2}\right)=\pi\mathrm{i}\left(\mathrm{e}-\frac{1}{\mathrm{e}}\right).$$

此题还可以使用规则Ⅲ,有

$$\text{Res}[f(z),1] = \frac{e^z}{(z^2)'}\bigg|_{z=1} = \frac{e}{2}, \text{Res}[f(z),-1] = \frac{e^z}{(z^2)'}\bigg|_{z=-1} = -\frac{e^{-1}}{2},$$

显然,使用规则Ⅲ要比规则Ⅱ简便.

例 7 计算积分 $\oint_C \frac{z}{(z-2)(z-1)^2} dz$,$C$ 为正向圆周:$|z|=3$.

解 在圆 C 内,被积函数 $f(z)$ 有两个奇点 $z=1$,$z=2$,$z=1$ 是二级极点,$z=2$ 是一级极点. 由留数定理得

$$\oint_C \frac{z}{(z-2)(z-1)^2} dz = 2\pi i \cdot \left\{ \text{Res}\left[\frac{z}{(z-2)(z-1)^2},2\right] + \text{Res}\left[\frac{z}{(z-2)(z-1)^2},1\right] \right\},$$

其中

$$\text{Res}\left[\frac{z}{(z-2)(z-1)^2},2\right] = \lim_{z\to 2}(z-2) \cdot \frac{z}{(z-2)(z-1)^2}$$

$$= \lim_{z\to 2} \frac{z}{(z-1)^2} = 2,$$

$$\text{Res}\left[\frac{z}{(z-2)(z-1)^2},1\right] = \frac{1}{1!} \lim_{z\to 1} \frac{d}{dz}\left[(z-1)^2 \cdot \frac{z}{(z-2)(z-1)^2}\right]$$

$$= \lim_{z\to 1} \frac{-2}{(z-2)^2} = -2,$$

所以

$$\oint_C \frac{z}{(z-2)(z-1)^2} dz = 2\pi i \cdot (2-2) = 0.$$

5.2.3 函数在无穷远点处的留数

定义 5.6 设函数 $f(z)$ 在圆环域 $R<|z|<+\infty$ 内解析,C 为圆环域内绕原点的任意一条简单正向闭曲线,那么 $\frac{1}{2\pi i}\oint_{C^-} f(z)dz$ 与 C 无关,我们称这个值是 $f(z)$ 在 ∞ 点的**留数**,记作

$$\text{Res}[f(z),\infty] = \frac{1}{2\pi i}\oint_{C^-} f(z)dz. \tag{5.8}$$

注意 积分曲线方向为负.

从(5.8)式可知,当 $n=-1$ 时,有

$$c_{-1} = \frac{1}{2\pi i}\oint_{C^-} f(z)dz,$$

那么

$$\text{Res}[f(z),\infty] = -c_{-1}, \tag{5.9}$$

即 $f(z)$ 在 ∞ 点的留数等于它在 ∞ 点的去心邻域 $R<|z|<+\infty$ 内洛朗展开式中 z^{-1}

的系数的负值.

定理 5.7 若函数 $f(z)$ 在扩充复平面内只存在有限个孤立奇点,那么 $f(z)$ 在所有各奇点(包括 ∞ 点)的留数总和必等于零.

证明 除 ∞ 点外,设 $f(z)$ 的有限个奇点为 $z_k(k=1,2,\cdots,n)$. 又设 C 为一条绕原点的并将 $z_k(k=1,2,\cdots,n)$ 包含在其内部的正向简单闭曲线,根据留数定理与无穷远点处留数的定义,有

$$\operatorname{Res}[f(z),\infty] + \sum_{k=1}^{n} \operatorname{Res}[f(z), z_k] = \frac{1}{2\pi i}\oint_{C^-} f(z)\mathrm{d}z + \frac{1}{2\pi i}\oint_{C} f(z)\mathrm{d}z = 0.$$

我们使用以下规则计算无穷远点处的留数.

规则 IV $\qquad \operatorname{Res}[f(z),\infty] = -\operatorname{Res}\left[f\left(\frac{1}{z}\right)\frac{1}{z^2}, 0\right].$

事实上,由定义 5.6,取正向简单闭曲线 C 为半径足够大的正向圆周: $|z|=\rho$. 令 $z=\frac{1}{\zeta}$,并设 $z=\rho e^{i\theta}, \zeta=re^{i\varphi}$,那么 $\rho=\frac{1}{r}, \theta=-\varphi$,因此有

$$\begin{aligned}
\operatorname{Res}[f(z),\infty] &= \frac{1}{2\pi i}\oint_{C^-} f(z)\mathrm{d}z \\
&= \frac{1}{2\pi i}\int_0^{-2\pi} f(\rho e^{i\theta})\rho i e^{i\theta}\mathrm{d}\theta \\
&= -\frac{1}{2\pi i}\int_0^{2\pi} f\left(\frac{1}{re^{i\varphi}}\right)\frac{i}{re^{i\varphi}}\mathrm{d}\varphi \\
&= -\frac{1}{2\pi i}\int_0^{2\pi} f\left(\frac{1}{re^{i\varphi}}\right)\frac{i}{re^{i\varphi}}\frac{1}{ire^{i\varphi}}\mathrm{d}(re^{i\varphi}) \\
&= -\frac{1}{2\pi i}\int_0^{2\pi} f\left(\frac{1}{re^{i\varphi}}\right)\frac{1}{(re^{i\varphi})^2}\mathrm{d}(re^{i\varphi}) \\
&= -\frac{1}{2\pi i}\oint_{|\zeta|=\frac{1}{\rho}} f\left(\frac{1}{\zeta}\right)\frac{1}{\zeta^2}\mathrm{d}\zeta \quad \left(|\zeta|=\frac{1}{\rho} \text{ 为正向}\right).
\end{aligned}$$

因为 $f(z)$ 在 $\rho<|z|<+\infty$ 内解析,所以 $f\left(\frac{1}{\zeta}\right)$ 在 $0<|\zeta|<\frac{1}{\rho}$ 内解析,从而, $f\left(\frac{1}{\zeta}\right)\frac{1}{\zeta^2}$ 在 $|\zeta|<\frac{1}{\rho}$ 内仅有 $\zeta=0$ 一个奇点.

由留数定理,得

$$\frac{1}{2\pi i}\oint_{|\zeta|=\frac{1}{\rho}} f\left(\frac{1}{\zeta}\right)\frac{1}{\zeta^2}\mathrm{d}\zeta = \operatorname{Res}\left[f\left(\frac{1}{\zeta}\right)\frac{1}{\zeta^2}, 0\right].$$

定理 5.7 与规则 IV 为我们提供了另一种计算函数沿闭曲线积分的方法,比有限孤立奇点计算更简便.

例 8 计算积分 $\oint_C \frac{1}{z^3-1}\mathrm{d}z$; C 为正向圆周: $|z|=2$.

解 函数 $\dfrac{1}{z^3-1}$ 在 $|z|=2$ 的外部,除 ∞ 点外没有其他奇点. 因此根据定理 5.7 与规则 IV 有

$$\oint_C \frac{1}{z^3-1}dz = -2\pi i \mathrm{Res}[f(z),\infty]$$

$$= 2\pi i \mathrm{Res}\left[f\left(\frac{1}{z}\right)\frac{1}{z^2},0\right]$$

$$= 2\pi i \mathrm{Res}\left[\frac{z}{1-z^3},0\right]$$

$$= 0.$$

显然比计算三个极点的留数简单很多!

5.3 留数在积分上的应用

在实函数的积分运算中,我们发现有很多函数的原函数不是初等函数,所以无法表达积分结果. 而利用留数来求积分往往可以取得较好的效果. 一般情况下,使用留数计算积分也易于完成. 利用留数计算积分的过程大概经历两个步骤: 一是把被积函数推广到复数域中; 二是把定积分的积分区间转化为闭曲线的积分. 下面我们来阐述如何利用留数求以下几种特殊形式的定积分值,仅就以下类型讨论:

(1) $\displaystyle\int_0^{2\pi} R(\cos\theta,\sin\theta)d\theta$;   (2) $\displaystyle\int_{-\infty}^{+\infty} R(x)dx$;   (3) $\displaystyle\int_{-\infty}^{+\infty} R(x)e^{aix}dx (a>0)$,

其中 $R(\cos\theta,\sin\theta)$ 为 $\cos\theta,\sin\theta$ 的有理函数.

5.3.1 形如 $\displaystyle\int_0^{2\pi} R(\cos\theta,\sin\theta)d\theta$ 的积分

令 $z=e^{i\theta}$,那么有 $dz=ie^{i\theta}d\theta$

$$\sin\theta = \frac{e^{i\theta}-e^{-i\theta}}{2i} = \frac{z^2-1}{2iz},$$

$$\cos\theta = \frac{e^{i\theta}+e^{-i\theta}}{2} = \frac{z^2+1}{2z}.$$

那么,该积分转化为沿正向单位圆周的积分:

$$\oint_{|z|=1} R\left(\frac{z^2+1}{2z},\frac{z^2-1}{2iz}\right)\frac{dz}{iz} = \oint_{|z|=1} f(z)dz,$$

其中 $f(z)$ 为 z 的有理函数,且在单位圆周 $|z|=1$ 上分母不为零,因此满足留数定理的条件. 所以由留数定理,得

$$\oint_{|z|=1} R\left(\frac{z^2+1}{2z},\frac{z^2-1}{2iz}\right)\frac{dz}{iz} = \oint_{|z|=1} f(z)dz = 2\pi i\sum_{k=1}^{n}\mathrm{Res}[f(z),z_k],$$

其中 $f(z)$ 的孤立奇点 $z_k(k=1,2,\cdots,n)$ 均包含在单位圆周 $|z|=1$ 内.

例1 计算积分 $I=\int_0^{2\pi}\dfrac{\cos2\theta}{1-2p\cos\theta+p^2}\mathrm{d}\theta\ (0<p<1)$ 的值.

解 由于 $0<p<1$，被积函数的分母 $1-2p\cos\theta+p^2$ 在 $0\leqslant\theta\leqslant 2\pi$ 内不为零，因而积分存在.

将

$$\cos2\theta=\frac{1}{2}(\mathrm{e}^{\mathrm{i}2\theta}+\mathrm{e}^{-\mathrm{i}2\theta})=\frac{1}{2}(z^2+z^{-2})$$

代入积分，则

$$I=\oint_{|z|=1}\frac{z^2+z^{-2}}{2}\cdot\frac{1}{1-2p\cdot\dfrac{z+z^{-1}}{2}+p^2}\cdot\frac{\mathrm{d}z}{\mathrm{i}z}=\oint_{|z|=1}f(z)\mathrm{d}z,$$

即

$$\oint_{|z|=1}\frac{1+z^4}{2\mathrm{i}z^2(1-pz)(z-p)}\mathrm{d}z=\oint_{|z|=1}f(z)\mathrm{d}z.$$

被积函数 $f(z)=\dfrac{1+z^4}{2\mathrm{i}z^2(1-pz)(z-p)}$ 有三个极点 $z=0,p,\dfrac{1}{p}$，只有前两个在圆周 $|z|=1$ 内，其中 $z=0$ 为二级极点，$z=p$ 为一级极点，故函数 $f(z)$ 在圆周 $|z|=1$ 上函数 $f(z)$ 没有奇点. 那么

$$\mathrm{Res}[f(z),0]=\lim_{z\to 0}\frac{\mathrm{d}}{\mathrm{d}z}\left[z^2\frac{1+z^4}{2\mathrm{i}z^2(1-pz)(z-p)}\right]$$

$$=\lim_{z\to 0}\frac{(z-pz^2-p+p^2z)4z^3-(1+z^4)(1-2pz+p^2)}{2\mathrm{i}(z-pz^2-p+p^2z)^2}$$

$$=-\frac{1+p^2}{2\mathrm{i}p^2},$$

$$\mathrm{Res}[f(z),p]=\lim_{z\to p}\left[(z-p)\frac{1+z^4}{2\mathrm{i}z^2(1-pz)(z-p)}\right]$$

$$=\frac{1+p^4}{2\mathrm{i}p^2(1-p^2)}.$$

所以

$$I=2\pi\mathrm{i}\left[-\frac{(1+p^2)}{2\mathrm{i}p^2}+\frac{1+p^4}{2\mathrm{i}p^2(1-p^2)}\right]=\frac{2\pi p^2}{1-p^2}.$$

5.3.2 形如 $\int_{-\infty}^{+\infty}R(x)\mathrm{d}x$ 的积分

一般地，假设 $R(x)=\dfrac{P(x)}{Q(x)}=\dfrac{x^n+a_1x^{n-1}+\cdots+a_n}{x^m+b_1x^{m-1}+\cdots+b_m}$，$m-n\geqslant 2$ 为有理函数且在 $R(z)=\dfrac{z^n+a_1z^{n-1}+\cdots+a_n}{z^m+b_1z^{m-1}+\cdots+b_m}$ 在实轴上无孤立奇点，积分存在. 此时我们取积分路线

(图 5.2)：C_R 是以原点为中心，R 为半径的在上半平面的的半圆周. 取 R 足够大，使 $R(z)$ 位于上半平面内的全部 k 个极点 $z_1, z_2, \cdots, z_k$ 均包含在曲线内部.

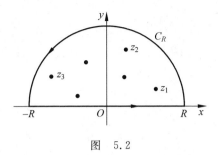

图 5.2

由留数定理，得

$$\int_{-R}^{R} R(x)\mathrm{d}x + \int_{C_R} R(z)\mathrm{d}z = 2\pi\mathrm{i}\sum_{s=1}^{k}\mathrm{Res}[f(z), z_s]. \tag{5.10}$$

注意 当 C_R 的半径 R 不断增大时，(5.10)式并不改变.

$$|R(z)| = \frac{1}{|z|^{m-n}} \cdot \left|\frac{1 + a_1 z^{-1} + \cdots + a_n z^{-n}}{1 + b_1 z^{-1} + \cdots + b_m z^{-m}}\right|$$

$$\leqslant \frac{1}{|z|^{m-n}} \cdot \frac{1 + |a_1 z^{-1} + \cdots + a_n z^{-n}|}{1 - |b_1 z^{-1} + \cdots + b_m z^{-m}|}.$$

当 $|z|$ 充分大时，总可以使

$$|a_1 z^{-1} + \cdots + a_n z^{-n}| < \frac{1}{10},$$

$$|b_1 z^{-1} + \cdots + b_m z^{-m}| < \frac{1}{10},$$

由于 $m-n \geqslant 2$，有

$$|R(z)| \leqslant \frac{1}{|z|^{m-n}} \cdot \frac{1 + \frac{1}{10}}{1 - \frac{1}{10}} < \frac{2}{|z|^2},$$

所以，在半径 R 充分大的 C_R 上，有

$$\left|\int_{C_R} R(z)\mathrm{d}z\right| \leqslant \int_{C_R} |R(z)|\,\mathrm{d}s \leqslant \frac{2}{R^2} \cdot \pi R = \frac{2\pi}{R}.$$

那么，当 $R \to +\infty$ 时，$\int_{C_R} R(z)\mathrm{d}z \to 0$.

根据(5.10)式可得

$$\int_{-\infty}^{+\infty} R(x)\mathrm{d}x = 2\pi\mathrm{i}\sum_{s=1}^{k}\mathrm{Res}[R(z), z_s].$$

如果 $R(x)$ 为偶函数，则

$$\int_0^{+\infty} R(x)\mathrm{d}x = \pi\mathrm{i}\sum_{s=1}^k \mathrm{Res}[R(z),z_s].$$

例 2 计算积分 $\int_{-\infty}^{+\infty} \dfrac{1}{(1+x^2)^2}\mathrm{d}x$ 的值.

解 设 $f(z)=\dfrac{1}{(1+z^2)^2}$,则 $f(z)$ 在上半平面内只一个奇点 $z=\mathrm{i}$,且为二级极点,则

$$\mathrm{Res}\left[\frac{1}{(1+z^2)^2},\mathrm{i}\right]=\frac{1}{1!}\lim_{z\to\mathrm{i}}\frac{\mathrm{d}}{\mathrm{d}z}\left[(z-\mathrm{i})^2\frac{1}{(1+z^2)^2}\right]=\lim_{z\to\mathrm{i}}\frac{\mathrm{d}}{\mathrm{d}z}\left[\frac{1}{(z+\mathrm{i})^2}\right]$$
$$=\lim_{z\to\mathrm{i}}\frac{-2}{(z+\mathrm{i})^3}=-\frac{\mathrm{i}}{4},$$

所以

$$\int_{-\infty}^{+\infty}\frac{1}{(1+x^2)^2}\mathrm{d}x = 2\pi\mathrm{i}\mathrm{Res}[f(z),\mathrm{i}]=\frac{\pi}{2}.$$

例 3 计算积分 $\int_0^{+\infty}\dfrac{x^2}{(x^2+a^2)^2}\mathrm{d}x,a>0$.

解 因为

$$\int_0^{+\infty}\frac{x^2}{(x^2+a^2)^2}\mathrm{d}x = \frac{1}{2}\int_{-\infty}^{+\infty}\frac{x^2}{(x^2+a^2)^2}\mathrm{d}x.$$

令 $R(z)=\dfrac{z^2}{(z^2+a^2)^2}$,则这里 $m=4,n=2,m-n=2$,并且 $R(z)$ 在实轴上没有孤立奇点,那么,$z=a\mathrm{i}$ 是函数 $R(z)$ 的二级极点(只考虑上半平面).

又因为函数 $f(z)=\dfrac{x^2}{(x^2+a^2)^2}$ 是偶函数,所以有

$$\int_0^{+\infty}\frac{x^2}{(x^2+a^2)^2}\mathrm{d}x = \frac{1}{2}\int_{-\infty}^{+\infty}\frac{x^2}{(x^2+a^2)^2}\mathrm{d}x$$
$$=\frac{1}{2}\cdot 2\pi\mathrm{i}\mathrm{Res}[R(z),a\mathrm{i}]$$
$$=\frac{\pi\mathrm{i}}{1!}\lim_{z\to a\mathrm{i}}\frac{\mathrm{d}}{\mathrm{d}z}\left[(z-a\mathrm{i})^2\cdot\frac{z^2}{(z^2+a^2)^2}\right]$$
$$=\pi\mathrm{i}\lim_{z\to a\mathrm{i}}\frac{\mathrm{d}}{\mathrm{d}z}\left[\frac{z^2}{(z+a\mathrm{i})^2}\right]$$
$$=\pi\mathrm{i}\lim_{z\to a\mathrm{i}}\frac{2za\mathrm{i}}{(z+a\mathrm{i})^3}$$
$$=\frac{\pi}{4a}.$$

5.3.3 形如 $\int_{-\infty}^{+\infty} R(x)\mathrm{e}^{a\mathrm{i}x}\mathrm{d}x(a>0)$ 的积分

当 $R(x)$ 是 x 的有理函数且分母的次数至少比分子的次数高一次,且 $R(z)$ 在实

轴上无孤立奇点时,积分存在.

与第 2 种情形一样,由 $m-n \geqslant 1$,对于充分大的 $|z|$,有
$$|R(z)| < \frac{2}{|z|}.$$

因此,在半径 R 充分大的 C_R 上,有
$$\left|\int_{C_R} R(z) e^{aiz} dz\right| \leqslant \int_{C_R} |R(z)||e^{aiz}| ds < \frac{2}{R}\int_{C_R} e^{-ay} ds = 2\int_0^{\pi} e^{-aR\sin\theta} d\theta$$
$$= 4\int_0^{\frac{\pi}{2}} e^{-aR\sin\theta} d\theta \leqslant 4\int_0^{\frac{\pi}{2}} e^{-aR(2\theta/\pi)} d\theta = \frac{2\pi}{aR}(1 - e^{-aR}).$$

说明 当 $0 \leqslant \theta \leqslant \frac{\pi}{2}$ 时,由 $y = \sin\theta$ 与 $y = \frac{\theta}{2\pi}$ 的图像有 $\sin\theta \geqslant \frac{2\theta}{\pi}$. 当 $R \to +\infty$ 时,$\int_{C_R} R(z) e^{aiz} dz \to 0$. 所以
$$\int_{-\infty}^{+\infty} R(x) e^{aix} dx = 2\pi i \sum_{\text{Im}(z_s)>0} \text{Res}[R(z) e^{aiz}, z_s]$$

或
$$\int_{-\infty}^{+\infty} R(x) \cos ax \, dx + i\int_{-\infty}^{+\infty} R(x) \sin ax \, dx = 2\pi i \sum_{\text{Im}(z_s)>0} \text{Res}[R(z) e^{aiz}, z_s]. \quad (5.11)$$

例 4 计算积分 $I = \int_0^{+\infty} \frac{x \sin x}{x^2 + 1} dx$ 值.

解 $m = 2, n = 1, m - n = 1$. $R(z) = \frac{z}{z^2 + 1}$ 在实轴上无孤立奇点,因而所求积分存在.

由于 $R(z) = \frac{z}{z^2 + 1}$ 在上半平面内有一级极点 i,那么有
$$\int_{-\infty}^{+\infty} \frac{x}{x^2 + 1} e^{ix} dx = 2\pi i \text{Res}[R(z) e^{iz}, i] = 2\pi i \cdot \frac{e^{-1}}{2} = \pi i e^{-1}.$$

由 (5.11) 式,得
$$\int_0^{+\infty} \frac{x \sin x}{x^2 + 1} dx = \frac{1}{2} \int_{-\infty}^{+\infty} \frac{x}{x^2 + 1} e^{ix} dx = \frac{1}{2} \pi e^{-1}.$$

不难发现,留数与闭曲线上的复积分联系紧密,因此利用留数来计算定积分需要有两个关键步骤:

(1) 将定积分的被积函数转化成复函数;
(2) 将定积分的区间转化成复积分的闭曲线.

例 5 证明:$\int_0^{+\infty} \sin x^2 dx = \int_0^{+\infty} \cos x^2 dx = \frac{1}{2}\sqrt{\frac{\pi}{2}}$ $\left(\text{已知} \int_0^{+\infty} e^{-x^2} dx = \frac{\sqrt{\pi}}{2}\right)$.

证明 我们考虑函数 e^{iz^2},当 $z = x$ 时. 可写成

$$e^{ix^2} = \cos x^2 + i\sin x^2,$$

其实部与虚部分别为所求积分的被积函数,因此取积分曲线为 C,C 为半径为 R、圆心角为 $\dfrac{\pi}{4}$ 的扇形的边界 (图 5.3).

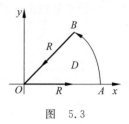

图 5.3

由于 e^{iz^2} 在 D 及其边界 C 上解析,根据柯西-古萨定理有

$$\oint_C e^{iz^2}\,dz = 0,$$

则

$$\int_{OA} e^{iz^2}\,dx + \int_{\widehat{AB}} e^{iz^2}\,dz + \int_{BO} e^{iz^2}\,dz = 0. \tag{5.12}$$

在 OA 上,x 从 0 到 R;在 $\widehat{AB}$ 上,$z=Re^{i\theta}$,θ 从 0 到 $\dfrac{\pi}{4}$;在 BO 上,$z=re^{i\frac{\pi}{4}}$,r 从 R 到 0.

因此,(5.12) 式为

$$\int_0^R e^{ix^2}\,dx + \int_0^{\frac{\pi}{4}} e^{iR^2 e^{i2\theta}} R i e^{i\theta}\,d\theta + \int_R^0 e^{ir^2 e^{\frac{\pi}{2}i}} e^{\frac{\pi}{4}i}\,dr = 0$$

或

$$\int_0^R (\cos x^2 + i\sin x^2)\,dx = e^{\frac{\pi}{4}i}\int_0^R e^{-r^2}\,dr - \int_0^{\frac{\pi}{4}} e^{iR^2\cos 2\theta - R^2\sin 2\theta} i R e^{i\theta}\,d\theta.$$

当 $R\to\infty$ 时,上式右端的第一个积分为

$$e^{\frac{\pi}{4}i}\int_0^R e^{-r^2}\,dr = \frac{\sqrt{\pi}}{2}\cdot e^{\frac{\pi}{4}i} = \frac{\sqrt{2}}{2}\cdot\frac{\sqrt{\pi}}{2} + i\frac{\sqrt{2}}{2}\cdot\frac{\sqrt{\pi}}{2},$$

而第二个积分的绝对值

$$\left|\int_0^{\frac{\pi}{4}} e^{iR^2\cos 2\theta - R^2\sin 2\theta} i R e^{i\theta}\,d\theta\right| \leqslant \int_0^{\frac{\pi}{4}} e^{-R^2\sin 2\theta} R\,d\theta \leqslant R\int_0^{\frac{\pi}{4}} e^{-\frac{4}{\pi}R^2}\,d\theta$$

$$= \frac{\pi}{4R}(1 - e^{-R^2}).$$

由此可知,当 $R\to\infty$ 时,第二个积分趋于零,从而有

$$\int_0^\infty (\cos x^2 + i\sin x^2)\,dx = \frac{\sqrt{2}}{2}\cdot\frac{\sqrt{\pi}}{2} + i\frac{\sqrt{2}}{2}\cdot\frac{\sqrt{\pi}}{2}.$$

令两端的实部与虚部分别相等,得

$$\int_0^\infty \cos x^2\,dx = \int_0^\infty \sin x^2\,dx = \frac{\sqrt{2\pi}}{4}.$$

上述两个积分称为菲涅耳 (Fresnel) 积分,在光学的研究中应用广泛.

小结

1. 解析函数的孤立奇点的定义及分类

在孤立奇点邻域内展开洛朗级数：

$$f(z) = \sum_{n=1}^{\infty} c_{-n}(z-z_0)^{-n} + \sum_{n=0}^{\infty} c_n(z-z_0)^n$$

上式中不含、只含有限个、含无穷多个 $z-z_0$ 的负幂项，那么称 z_0 分别为 $f(z)$ 的可去奇点、极点、本性奇点.

z_0 为 $f(z)$ 的可去奇点、极点、本性奇点的充要条件分别为当 $z \to z_0$ 时，$f(z)$ 的极限为有限数、为无穷大、不存在且不为无穷大.

如果函数 $f(z)$ 在无穷远点 $z=\infty$ 的去心邻域 $R<|z|<+\infty$ 内解析，那么称 $z=\infty$ 为 $f(z)$ 的孤立奇点.

当 $t=0$ 为 $f\left(\dfrac{1}{t}\right)$ 的可去奇点、极点、本性奇点时，$z=\infty$ 为 $f(z)$ 的可去奇点、极点、本性奇点.

$z=\infty$ 为 $f(z)$ 的可去奇点、极点、本性奇点的充要条件分别为当 $z \to z_0$ 时，$f(z)$ 的极限为有限数、为无穷大、不存在且不为无穷大.

2. 零点与极点

若解析函数 $f(z)=(z-z_0)^m \varphi(z)$ 其中 $\varphi(z)$ 在 z_0 解析，且 $\varphi(z_0) \neq 0$，m 为正整数，那么 z_0 称为 $f(z)$ 的 m 级零点. z_0 为 $f(z)$ 的 m 级零点的充要条件是

$$f^{(n)}(z_0) = 0 \, (n=0,1,2,\cdots,m-1), \quad f^{(m)}(z_0) \neq 0.$$

如果函数 $f(z)$ 可表示成

$$f(z) = \frac{1}{(z-z_0)^m} g(z),$$

其中 $g(z)$ 在 z_0 解析，且 $g(z_0) \neq 0$，那么 z_0 称为 $f(z)$ 的 m 级极点.

如果 z_0 是 $f(z)$ 的 m 级零点，那么 z_0 是 $\dfrac{1}{f(z)}$ 的 m 级极点. 反之亦然.

3. 留数

（1）留数定义 设 z_0 为 $f(z)$ 的孤立奇点，那么

$$\text{Res}[f(z), z_0] = c_{-1} = \frac{1}{2\pi i} \oint_C f(z) \mathrm{d}z,$$

其中 C 为去心邻域 $0<|z-z_0|<R$ 内的任意一条正向简单闭曲线.

如果 $z=\infty$ 为 $f(z)$ 的孤立奇点，那么

$$\text{Res}[f(z), \infty] = \frac{1}{2\pi i} \oint_{C^-} f(z) \mathrm{d}z,$$

其中 C 为 $R<|z|<+\infty$ 内绕原点的任意一条正向简单闭曲线.

(2) **留数定理** 设函数 $f(z)$ 在区域 D 内除有限个孤立奇点 $z_1,z_2,\cdots,z_n$ 外处处解析, C 为 D 内包围诸奇点的一条正向简单闭曲线, 那么

$$\oint_C f(z)\mathrm{d}z = 2\pi\mathrm{i}\sum_{k=1}^n \mathrm{Res}[f(z),z_k].$$

该定理把求沿封闭曲线 C 的积分转化为求被积函数在 C 中的各孤立奇点处的留数.

我们应用复合闭路定理证明了留数定理, 可以理解为, 留数定理是柯西-古萨定理的推广. 事实上, 柯西积分公式和高阶导数公式都能够由留数定理推出. 从闭路变形原理出发考察定理, 其合理性也是非常很明显的.

(3) 留数的计算

规则 I 如果 z_0 为 $f(z)$ 的 m 级极点, 那么

$$\mathrm{Res}[f(z),z_0] = \frac{1}{(m-1)!}\lim_{z\to z_0}\frac{\mathrm{d}^{m-1}}{\mathrm{d}z^{m-1}}[(z-z_0)^m f(z)].$$

应当指出, 在应用这个公式时, 为了计算方便, 不要将 m 取得比实际的级数高. 但把 m 取得比实际的级数高而使计算方便的情形也存在. 例如, 求 $\mathrm{Res}\left[\frac{1-\cos z}{z^5},0\right]$. 由于 $1-\cos z = 2\sin^2\frac{z}{2}$, 所以 $z=0$ 是 $1-\cos z$ 的二级零点, 从而 $z=0$ 是 $\frac{1-\cos z}{z^5}$ 的三级极点. 如果用规则 I 计算, 那么

$$\mathrm{Res}\left[\frac{1-\cos z}{z^5},0\right] = \frac{1}{2!}\lim_{z\to 0}\frac{\mathrm{d}^2}{\mathrm{d}z^2}\left(\frac{1-\cos z}{z^2}\right),$$

若取 $m=5$, 则

$$\mathrm{Res}\left[\frac{1-\cos z}{z^5},0\right] = \frac{1}{4!}\lim_{z\to 0}\frac{\mathrm{d}^4}{\mathrm{d}z^4}(1-\cos z) = \frac{1}{4!}\lim_{z\to 0}(-\cos z) = -\frac{1}{24},$$

计算就比较简单些.

用洛朗展开式直接求 c_{-1} 也比较方便:

$$\frac{1-\cos z}{z^5} = \frac{1}{z^5}\left[1-\left(1-\frac{1}{2!}z^2+\frac{1}{4!}z^4-\cdots\right)\right] = \frac{1}{2!}\cdot\frac{1}{z^3}-\frac{1}{4!}\cdot\frac{1}{z}+\cdots,$$

故 $c_{-1} = -\frac{1}{4!} = -\frac{1}{24}$.

规则 II 如果 z_0 为 $f(z)$ 的一级极点, 那么

$$\mathrm{Res}[f(z),z_0] = \lim_{z\to z_0}(z-z_0)f(z).$$

规则 III 设 z_0 为 $f(z)=\frac{P(z)}{Q(z)}$ 的一级极点, 那么

$$\mathrm{Res}[f(z),z_0] = \frac{P(z_0)}{Q'(z_0)}.$$

规则 Ⅳ $\text{Res}[f(z),\infty]=-\text{Res}\left[f\left(\dfrac{1}{z}\right)\dfrac{1}{z^2},0\right].$

留数定理   如果函数 $f(z)$ 在扩充复平面上除孤立奇点 $z_k(k=1,2,\cdots,n)$ 与 ∞ 外,处处解析,那么 $\text{Res}[f(z),\infty]+\sum_{k=1}^{n}\text{Res}[f(z),z_k]=0.$

因此可利用无穷远点计算有限远点处的留数,特别是在利用留数定理计算某些闭曲线的积分时,显得非常有效. 例如

$$I=\oint_{|z|=3}\dfrac{z^{17}}{(z^2+2)^3(z^3+3)^4}\text{d}z,$$

由于被积函数 $f(z)=\dfrac{z^{17}}{(z^2+2)^3(z^3+3)^4}$ 的 5 个极点都在 $|z|=3$ 内且级数较高,计算 5 个极点处的留数非常麻烦. 而在扩充复平面上 $f(z)$ 只有这 5 个有限远极点. 因而根据上述定理,有

$$I=-2\pi i\text{Res}[f(z),\infty].$$

因为

$$\begin{aligned}f(z)&=\dfrac{z^{17}}{z^6\left(1+\dfrac{2}{z^2}\right)^3\left(1+\dfrac{3}{z^3}\right)^4 z^{12}}\\ &=\dfrac{1}{z}\left(1+\dfrac{2}{z^2}\right)^{-3}\left(1+\dfrac{3}{z^3}\right)^{-4}\\ &=\dfrac{1}{z}\left(1-\dfrac{6}{z^2}+\cdots\right)\left(1-\dfrac{12}{z^3}+\cdots\right).\end{aligned}$$

显然, $\dfrac{1}{z}$ 的系数为 1,从而 $\text{Res}[f(z),\infty]=-1$,所以 $I=2\pi i.$

4. 留数的应用

我们介绍了留数应用的两个方面:复变函数沿封闭路线的积分 $\oint_C f(z)\text{d}z$ 的计算方法和三种不同类型积分的转化思路.

(1) $\int_0^{2\pi}R(\sin\theta,\cos\theta)\text{d}\theta$;   (2) $\int_{-\infty}^{+\infty}R(x)\text{d}x$;   (3) $\int_{-\infty}^{+\infty}R(x)\text{e}^{aix}\text{d}x,$

其中计算(2),(3)两种类型的思路相同,都是将积分转化为一复变函数沿封闭路线的积分:在按定义求无穷限的广义积分时,需先沿有限区间进行积分,然后取极限得到积分结果,所以就要设法使沿区间的积分转化分为沿封闭路线的积分. 因此需要完成两个过程,一是先找一个与所求积分的被积函数 $f(x)$ 密切相关的复变函数 $F(z)$,使得当 z 在实轴上的区间内变动时,$F(z)$ 就是 $f(x)$,或 $F(z)$ 的实部与虚部中的一个就是

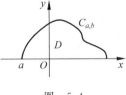

图 5.4

$f(x)$. 其次,参照留数定理,我们另找一条连接区间两端的、能够与区间一起构成一条封闭曲线的按段光滑曲线. 这条封闭曲线将围成一个区域 D(图 5.4),若 $F(z)$ 在 D 的边界上和在 D 内除去有限个孤立奇点外处处解析,则根据留数定理,有

$$\int_a^b F(x)\mathrm{d}x + \int_{C_{ab}} F(z)\mathrm{d}z = 2\pi\mathrm{i}\sum_k \mathrm{Res}[F(z), z_k].$$

如果我们能将 $\lim\limits_{\substack{a\to-\infty\\b\to+\infty}}\int_{C_{ab}} F(z)\mathrm{d}z$ 求出,那么就能求得 $\lim\limits_{\substack{a\to-\infty\\b\to+\infty}}\int_a^b F(x)\mathrm{d}x$,即 $\int_{-\infty}^{\infty} f(x)\mathrm{d}x$.

上述方法称为围道积分法,其难处在于找到函数 $F(z)$ 和的曲线来构成封闭曲线. 因此,围道积分法有较大的局限性.

习题五

1. $z=0$ 是函数 $f(z) = \dfrac{1}{\cos\left(\dfrac{1}{z}\right)}$ 的孤立奇点吗? 为什么?

2. 判断 $z=0$ 是否为下列函数的孤立奇点,并确定奇点的类型.

(1) $\mathrm{e}^{\frac{1}{z}}$; (2) $\dfrac{1-\cos z}{z^2}$.

3. 下列函数有些什么奇点? 如果是奇点,指出其级数.

(1) $\dfrac{\cos z}{z^2}$; (2) $\dfrac{\mathrm{e}^z-1}{z^2}$;

(3) $\dfrac{1}{\sin z^2}$; (4) $\dfrac{1}{z(z^2+1)}$;

(5) $\dfrac{\sin z}{z^3}$; (6) $\dfrac{1}{z^3-z^2-z+1}$;

(7) $\dfrac{\ln(z+1)}{z-1}$; (8) $\dfrac{1}{\mathrm{e}^z-1}$.

4. 验证: $z=\dfrac{\pi\mathrm{i}}{2}$ 是 $\cosh z$ 的一级零点.

5. 求证: 如果 z_0 是 $f(z)$ 的 $m(m>1)$ 级零点,那么 z_0 是 $f'(z)$ 的 $m-1$ 级零点.

6. 函数 $f(z)=\dfrac{1}{z(z-1)^2}$ 在 $z=1$ 处有一个二级极点,这个函数又有下列洛朗展开式:

$$\dfrac{1}{z(z-1)^2} = \cdots + \dfrac{1}{(z-1)^5} - \dfrac{1}{(z-1)^4} + \dfrac{1}{(z-1)^3}, \quad |z-1|>1,$$

所以"$z=1$ 又是 $f(z)$ 的本性奇点";又其中不含 $(z-1)^{-1}$ 的幂,因此,$\mathrm{Res}[f(z),1]=$

0. 这些说法对吗?

7. 求下列各函数在有限奇点处的留数.

(1) $\dfrac{z-1}{z^2+3z}$;

(2) $\dfrac{1-e^z}{z^3}$;

(3) $\dfrac{1+z^4}{(z^2+1)^3}$;

(4) $\cos\dfrac{1}{1-z}$;

(5) $z^2\sin\dfrac{1}{z}$;

(6) $\dfrac{z}{\cos z}$.

8. 利用留数计算下列积分(提示:圆周取正向).

(1) $\oint_{|z|=2}\dfrac{z}{z^4-1}\mathrm{d}z$;

(2) $\oint_{|z|=\frac{3}{2}}\dfrac{ze^z}{z^2-1}\mathrm{d}z$;

(3) $\oint_{|z|=2}\dfrac{e^z}{z(z-1)^2}\mathrm{d}z$;

(4) $\oint_{|z|=2}\dfrac{e^{2z}}{(z-1)^2}\mathrm{d}z$;

(5) $\oint_{|z|=\frac{3}{2}}\dfrac{1-\cos z}{z}\mathrm{d}z$;

(6) $\oint_{|z|=3}\tan\pi z\,\mathrm{d}z$.

9. 判定 $z=\infty$ 是下列各函数的什么奇点? 并求出在 ∞ 的留数.

(1) $e^{\frac{1}{z}}$;

(2) $\sin z-\cos z$;

(3) $\dfrac{z}{2+z^2}$.

10. 计算下列各积分, C 为正向圆周.

(1) $\oint_C\dfrac{z^{15}}{(z^2-1)^2(z^4+2)}\mathrm{d}z, C: |z|=3$;

(2) $\oint_C\dfrac{z^3}{1+z}e^{\frac{1}{z}}\mathrm{d}z, C: |z|=2$;

(3) $\oint_C\dfrac{z^{2n}}{1+z^n}\mathrm{d}z(n\text{ 为一正整数}), C: |z|=r>1$.

11. 计算下列积分:

(1) $\displaystyle\int_0^{2\pi}\dfrac{1}{5+3\cos\theta}\mathrm{d}\theta$;

(2) $\displaystyle\int_0^{2\pi}\dfrac{\sin^2\theta}{a+b\cos\theta}\mathrm{d}\theta\quad a>b>0$.

12. 计算下列积分:

(1) $\displaystyle\int_0^{+\infty}\dfrac{\cos x}{x^2+4x+5}\mathrm{d}x$;

(2) $\displaystyle\int_0^{+\infty}\dfrac{x^2}{1+x^4}\mathrm{d}x$.

第 6 章 傅里叶变换

傅里叶(Fourier)积分变换广泛应用于数学和通信领域,傅里叶变换能够实现复变量与实变量的连接、将微分转化为乘法运算、将微分方程问题转化为代数方程问题求解,较之实变量,引入复变量能极大地简化计算. 本章将介绍傅里叶变换的定义和基本性质,并讨论一些常用函数的傅里叶变换.

6.1 傅里叶变换的概念

6.1.1 傅里叶级数

定理 6.1 一个以 T 为周期的函数 $f_T(t)$,如果在 $\left[-\dfrac{T}{2}, \dfrac{T}{2}\right]$ 上满足狄利克雷(Dirichlet)条件,即 $f_T(t)$ 在 $\left[-\dfrac{T}{2}, \dfrac{T}{2}\right]$ 上满足

(1) 连续或只有有限个第一类间断点;

(2) 只有有限个极值点,则在 $\left(-\dfrac{T}{2}, \dfrac{T}{2}\right)$ 上 $f_T(t)$ 可展开为**傅里叶级数**. 在 $f_T(t)$ 的连续点 t 处,有

$$f_T(t) = \frac{a_0}{2} + \sum_{n=1}^{\infty}[a_n\cos(n\omega_0 t) + b_n\sin(n\omega_0 t)], \tag{6.1}$$

其中

$$\omega_0 = \frac{2\pi}{T},$$

$$a_n = \frac{2}{T}\int_{-\frac{T}{2}}^{\frac{T}{2}} f_T(t)\cos(n\omega_0 t)\mathrm{d}t, \quad n = 0, 1, 2, \cdots,$$

$$b_n = \frac{2}{T}\int_{-\frac{T}{2}}^{\frac{T}{2}} f_T(t)\sin(n\omega_0 t)\mathrm{d}t, \quad n = 1, 2, \cdots.$$

在间断点 t_0 处,(6.1)式右端为 $\dfrac{f_T(t_0+0) + f_T(t_0-0)}{2}$.

将(6.1)式中相同频率的项合并,则(6.1)式可改写成

$$f_T(t) = A_0 + \sum_{n=1}^{\infty} A_n \cos(n\omega_0 t + \varphi_n). \tag{6.2}$$

其中 $A_0 = \dfrac{a_0}{2}, A_n = \sqrt{a_n^2 + b_n^2}, \varphi_n = -\arctan\left(\dfrac{b_n}{a_n}\right), n = 1, 2, \cdots$.

在信号分析中,(6.2)式有着重要的实际意义,即任何满足狄利克雷条件的周期函数可视作各次谐波的叠加. 其中第一项 A_0 是常数项,它是周期信号中所包含的直流分量;式中第二项 $A_1 \cos(\omega_0 t + \varphi_1)$ 称为基波或一次谐波,它的角频率与原信号的频率相同,A_1 是基波振幅,φ_1 是基波初相角;式中第三项 $A_2 \cos(2\omega_0 t + \varphi_2)$ 称为二次谐波,它的角频率是原信号频率的 2 倍,A_2 是二次谐波振幅,φ_2 是二次谐波初相角. 一般而言,$A_n \cos(n\omega_0 t + \varphi_n)$ 称为 **n 次谐波**,A_n 是 **n 次谐波振幅**,φ_n 是 **n 次谐波初相角**.

6.1.2 傅里叶级数的指数形式

三角函数形式的傅里叶级数含义比较明确,但运算不便,因而经常使用指数形式的傅里叶级数.

由欧拉公式:$\cos\theta = \dfrac{e^{i\theta} + e^{-i\theta}}{2}$,$\sin\theta = \dfrac{e^{i\theta} - e^{-i\theta}}{2i}$,(6.1)式可化为

$$f_T(t) = \dfrac{a_0}{2} + \sum_{n=1}^{\infty} \left(a_n \dfrac{e^{in\omega_0 t} + e^{-in\omega_0 t}}{2} + b_n \dfrac{e^{in\omega_0 t} - e^{-in\omega_0 t}}{2i} \right)$$

$$= \dfrac{a_0}{2} + \sum_{n=1}^{\infty} \left(\dfrac{a_n - ib_n}{2} e^{in\omega_0 t} + \dfrac{a_n + ib_n}{2} e^{-in\omega_0 t} \right),$$

令

$$c_0 = \dfrac{a_0}{2},$$

$$c_n = \dfrac{a_n - ib_n}{2} = \dfrac{1}{T}\left[\int_{-\frac{T}{2}}^{\frac{T}{2}} f_T(t)\cos(n\omega_0 t)dt - i\int_{-\frac{T}{2}}^{\frac{T}{2}} f_T(t)\sin(n\omega_0 t)dt\right]$$

$$= \dfrac{1}{T}\left[\int_{-\frac{T}{2}}^{\frac{T}{2}} f_T(t) e^{-in\omega_0 t} dt\right], \quad n = 1, 2, \cdots,$$

$$c_{-n} = \dfrac{a_n + ib_n}{2} = \dfrac{1}{T}\left[\int_{-\frac{T}{2}}^{\frac{T}{2}} f_T(t) e^{in\omega_0 t} dt\right], \quad n = 1, 2, \cdots,$$

则得到傅里叶级数的**指数形式**

$$f_T(t) = \sum_{n=-\infty}^{+\infty} c_n e^{in\omega_0 t}, \tag{6.3}$$

其中

$$c_n = \dfrac{1}{T}\left[\int_{-\frac{T}{2}}^{\frac{T}{2}} f_T(t) e^{-in\omega_0 t} dt\right], \quad n = 0, \pm 1, \pm 2, \cdots. \tag{6.4}$$

(6.3)式表明任何满足狄利克雷条件的周期信号可分解成许多不同频率的虚指数信号($e^{in\omega_0 t}$)之和. 傅里叶系数 c_n 为复数,其模与辐角正好反映了信号 $f_T(t)$ 中频率为 $n\omega_0$ 的振幅与相位. 因此,称 c_n 为周期信号 $f_T(t)$ 的**离散频谱**,$|c_n|$ 为**离散振幅谱**, $\arg(c_n)$ 为**离散相位谱**.

例1 求以 T 为周期的函数 $f_T(t)=\begin{cases}0, & -\dfrac{T}{2}<t<0\\ 2, & 0<t<\dfrac{T}{2}\end{cases}$ 的离散频谱和它的傅里叶级数的复指数形式.

解 令 $\omega_0=\dfrac{2\pi}{T}$,当 $n=0$ 时,

$$c_0=\frac{1}{T}\int_{-\frac{T}{2}}^{\frac{T}{2}} f_T(t)\mathrm{d}t=\frac{1}{T}\int_0^{\frac{T}{2}} 2\mathrm{d}t=1;$$

当 $n\neq 0$ 时,

$$c_n=\frac{1}{T}\int_{-\frac{T}{2}}^{\frac{T}{2}} f_T(t)\mathrm{e}^{-in\omega_0 t}\mathrm{d}t=\frac{2}{T}\int_0^{\frac{T}{2}}\mathrm{e}^{-in\omega_0 t}\mathrm{d}t$$

$$=\frac{i}{n\pi}(\mathrm{e}^{-in\frac{\omega_0 T}{2}}-1)=\frac{i}{n\pi}(\mathrm{e}^{-in\pi}-1)=\begin{cases}0, & \text{当 } n \text{ 为偶数}\\ -\dfrac{2i}{n\pi}, & \text{当 } n \text{ 为奇数}\end{cases}.$$

$f_t(t)$ 的傅里叶级数的复指数形式为

$$f_T(t)=1+\sum_{n=-\infty}^{+\infty}\frac{-2i}{(2n-1)\pi}\mathrm{e}^{i(2n-1)\omega_0 t},$$

振幅谱为

$$|c_n|=\begin{cases}1, & n=0\\ 0, & n=\pm 2,\pm 4,\cdots,\\ 2/|n|\pi, & n=\pm 1,\pm 3,\cdots\end{cases}$$

相位谱为

$$\arg(c_n)=\begin{cases}0, & n=0,\pm 2,\pm 4,\cdots\\ -\pi/2, & n=1,3,5,\cdots\\ \pi/2, & n=-1,-3,-5,\cdots\end{cases}.$$

6.1.3 傅里叶积分公式与傅里叶变换

从物理意义上讲,周期为 T 的函数 $f_T(t)$ 其傅里叶级数是由一系列以 $\omega_0=\dfrac{2\pi}{T}$ 为间隔的谐波所合成. 因此,当 T 越来越大时,其间隔 $\omega_0=\dfrac{2\pi}{T}$ 越来越小;当 T 趋于无穷时,周期函数变成了非周期函数,其频率将在 ω 上连续取值. 于是非周期函数 $f(t)$ 在

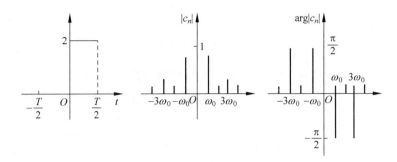

图 6.1

形式上可看成是有周期函数 $f_T(t)$ 当 $T\to+\infty$ 时转化而来. 由(6.2)式和(6.3)式有

$$f(t) = \lim_{T\to+\infty} f_T(t) = \lim_{T\to+\infty} \sum_{n=-\infty}^{+\infty} \left[\frac{1}{T}\int_{-\frac{T}{2}}^{\frac{T}{2}} f_T(\tau) e^{-in\omega_0\tau} d\tau\right] e^{in\omega_0 t}. \tag{6.5}$$

令 $n\omega_0 = \omega_n$,当 n 取一切正整数时,ω_n 所对应的点便均匀地分布在整个数轴上,若相邻两点的距离用 $\Delta\omega = \omega_n - \omega_{n-1} = \dfrac{2\pi}{T}$ 表示,当 $T\to+\infty$,$\Delta\omega\to 0$ 时,(6.5)式转化为

$$f(t) = \frac{1}{2\pi} \lim_{\Delta\omega\to 0} \sum_{n=-\infty}^{+\infty} \left[\int_{-\frac{\pi}{\Delta\omega}}^{\frac{\pi}{\Delta\omega}} f_T(\tau) e^{-i\omega_n\tau} d\tau e^{i\omega_n t}\right] \Delta\omega$$

则由定积分定义,在一定条件下,上式可写成

$$f(t) = \frac{1}{2\pi}\int_{-\infty}^{+\infty}\left[\int_{-\infty}^{+\infty} f(\tau) e^{-i\omega\tau} d\tau\right] e^{i\omega t} d\omega \tag{6.6}$$

定义 6.1 设 $f(t)$ 是定义在 $(-\infty,+\infty)$ 上的非周期函数,称

$$f(t) = \frac{1}{2\pi}\int_{-\infty}^{+\infty}\left[\int_{-\infty}^{+\infty} f(\tau) e^{-i\omega\tau} d\tau\right] e^{i\omega t} d\omega$$

为函数 $f(t)$ 的**傅里叶积分公式**(简称**傅里叶积分公式**).
以上推导不严密,(6.6)式在下述定理的条件下成立.

定理 6.2(傅里叶积分定理) 若 $f(t)$ 在 $(-\infty,+\infty)$ 上满足
(1) $f(t)$ 在任一有限区间上满足狄利克雷条件;
(2) $f(t)$ 在 $(-\infty,+\infty)$ 上绝对可积$\left(\text{即积分}\int_{-\infty}^{+\infty}|f(t)|dt \text{ 收敛}\right)$,则有

$$\frac{1}{2\pi}\int_{-\infty}^{+\infty}\left[\int_{-\infty}^{+\infty} f(\tau) e^{-i\omega\tau} d\tau\right] e^{i\omega t} d\omega = \begin{cases} f(t), & t \text{ 为 } f(t) \text{ 的连续点} \\ \dfrac{f(t+0)+f(t-0)}{2}, & t \text{ 为 } f(t) \text{ 的间断点} \end{cases}.$$

$$\tag{6.7}$$

说明 定理是充分条件,证明从略.

定义 6.2 若 $f(t)$ 满足傅里叶积分定理中的条件,对于傅里叶积分表达式

$$f(t) = \frac{1}{2\pi}\int_{-\infty}^{+\infty}\left[\int_{-\infty}^{+\infty} f(\tau) e^{-i\omega\tau} d\tau\right] e^{i\omega t} d\omega, \tag{6.8}$$

令
$$F(\omega) = \int_{-\infty}^{+\infty} f(t) e^{-i\omega t} dt, \tag{6.9}$$

称(6.9)式为函数 $f(t)$ 的**傅里叶变换**(简称傅里叶变换),记作
$$F(\omega) = \mathcal{F}[f(t)].$$

即
$$\mathcal{F}[f(t)] = F(\omega) = \int_{-\infty}^{+\infty} f(t) e^{-i\omega t} dt.$$

其中 $F(\omega)$ 称为 $f(t)$ 的**像函数**.

将(6.9)式代入(6.8)式,得
$$f(t) = \frac{1}{2\pi} \int_{-\infty}^{+\infty} F(\omega) e^{i\omega t} d\omega. \tag{6.10}$$

称(6.10)式为**傅里叶逆变换**(简称傅里叶逆变换),记作 $\mathcal{F}^{-1}[F(\omega)]$,其中函数 $f(t)$ 称为 $F(\omega)$ 的像原函数,记作
$$f(t) = \mathcal{F}^{-1}[F(\omega)] = \frac{1}{2\pi} \int_{-\infty}^{+\infty} F(\omega) e^{i\omega t} d\omega$$

称 $f(t)$ 为 $F(\omega)$ 的**像原函数**.

在频谱分析中,也称傅里叶变换 $F(\omega)$ 为 $f(t)$ 的**频谱函数**,称 $|F(\omega)|$ 为**振幅谱**. 称 $\arg F(\omega)$ 为**相位谱**.

说明 当满足条件时,函数 $f(t)$ 的傅里叶逆变换就是 $f(t)$ 的傅里叶积分表达式,体现了变换是可逆的. 像函数 $F(\omega)$ 和像原函数 $f(t)$ 构成一个傅里叶变换对.

例2 求矩形脉冲函数 $f(t) = \begin{cases} E, & -\frac{\tau}{2} < t < \frac{\tau}{2} \\ 0, & \text{其他} \end{cases}$ 的傅里叶变换.

解 根据(6.9)式,有
$$F(\omega) = \mathcal{F}[f(t)] = \int_{-\infty}^{+\infty} f(t) e^{-i\omega t} dt$$
$$= \int_{-\frac{\tau}{2}}^{\frac{\tau}{2}} E e^{-i\omega t} dt = \int_{-\frac{\tau}{2}}^{\frac{\tau}{2}} E(\cos\omega t - i\sin\omega t) dt$$
$$= 2 \int_{0}^{\frac{\tau}{2}} E \cos\omega t dt = \frac{2E}{\omega} \sin\frac{\omega\tau}{2}.$$

振幅频谱为 $|F(\omega)| = 2E \left| \frac{\sin\frac{\omega\tau}{2}}{\omega} \right|$,其频谱如图 6.2 所示,振幅频谱 $|F(\omega)|$ 为偶函数,故只画 $\omega \geq 0$ 的部分.

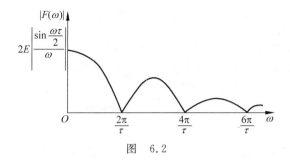

图 6.2

例 3 求单边指数衰减函数

$$f(t) = \begin{cases} 0, & t < 0 \\ e^{-\beta t}, & t \geq 0 \end{cases}$$

的傅里叶变换，其中 $\beta > 0$.

解 根据(6.9)式，有

$$\begin{aligned}
F(\omega) &= \mathcal{F}[f(t)] \\
&= \int_{-\infty}^{+\infty} f(t) e^{-i\omega t} dt \\
&= \int_{0}^{+\infty} e^{-\beta t} e^{-i\omega t} dt = \int_{0}^{+\infty} e^{-(\beta+i\omega)t} dt \\
&= \frac{1}{\beta + i\omega} \\
&= \frac{\beta - i\omega}{\beta^2 + \omega^2},
\end{aligned}$$

振幅谱为

$$|F(\omega)| = \frac{1}{\sqrt{\beta^2 + \omega^2}},$$

$f(t)$ 的图形及其频谱图，如图 6.3 所示.

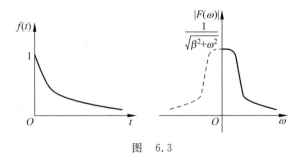

图 6.3

说明 指数衰减函数 $f(t)$ 是工程技术中的常见函数，例 3 给出了指数衰减函数的傅里叶变换对.

例 4 已知 $f(t)$ 的频谱为 $F(\omega)=\begin{cases}0, & |\omega|\geqslant\alpha \\ 1, & |\omega|<\alpha\end{cases}$ $(\alpha>0)$,求 $f(t)$.

解 $f(t)=\mathcal{F}^{-1}[F(\omega)]=\dfrac{1}{2\pi}\displaystyle\int_{-\infty}^{+\infty}F(\omega)\mathrm{e}^{\mathrm{i}\omega t}\mathrm{d}\omega$

$\qquad\qquad =\dfrac{1}{2\pi}\displaystyle\int_{-\alpha}^{\alpha}\mathrm{e}^{\mathrm{i}\omega t}\mathrm{d}\omega=\dfrac{\sin\alpha t}{\pi t}=\dfrac{\alpha}{\pi}\cdot\left(\dfrac{\sin\alpha t}{\alpha t}\right).$

记 $\mathrm{Sa}(t)=\dfrac{\sin t}{t}$,则 $f(t)=\dfrac{\alpha}{\pi}\mathrm{Sa}(\alpha t)$,当 $t=0$ 时,定义 $f(0)=\dfrac{\alpha}{\pi}$. 信号 $\dfrac{\alpha}{\pi}\mathrm{Sa}(\alpha t)$(或 $\mathrm{Sa}(t)$)称为抽样信号,由于它特殊的频谱形式,因而在连续时间信号的离散化、离散时间信号的恢复以及信号滤波中发挥了重要作用. 其图形如图 6.4 和图 6.5 所示.

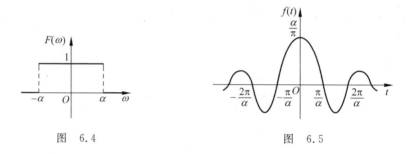

图 6.4　　　　　　　　　图 6.5

6.2 单位脉冲函数及其傅里叶变换

6.2.1 单位脉冲函数的概念

在工程实际问题中,许多物理现象具有脉冲特征,如瞬时冲击力、脉冲电流等,人们为描述这一现象引入了单位脉冲函数,简记为 δ 函数. 单位脉冲函数在信号与系统分析中是非常重要的. 特别是在分析线性系统时,单位脉冲信号作为基本构成单元可以用来构成和表示其他信号.

δ 函数不能用通常意义下"值的对应关系"来定义. 因此在工程应用中很少采用这个定义. 相反,用的较多的是把 δ 函数看成函数 $\delta_\varepsilon(t)$ 的极限.

定义 6.3 设 $\delta_\tau(t)=\begin{cases}0, & t<0 \\ \dfrac{1}{\tau}, & 0\leqslant t\leqslant\tau \\ 0, & t>\tau\end{cases}$ (图 6.6),则称满足等式

$$\lim_{\tau\to 0}\int_{-\infty}^{+\infty}\delta_\tau(t)f(t)\mathrm{d}t=\int_{-\infty}^{+\infty}\delta(t)f(t)\mathrm{d}t$$

的函数 $\delta(t)$ 为**狄拉克**(Dirac)**函数**或 δ **函数**(或**单位脉冲函数**),其中 $f(t)$ 是任一个无

穷次可微的函数.

显然
$$\delta(t) = \lim_{\tau \to 0} \delta_\tau(t).$$

对任何 $\tau > 0$,有

$$\int_{-\infty}^{+\infty} \delta(t) dt = \lim_{\tau \to 0} \int_{-\infty}^{+\infty} \delta_\tau(t) dt = \lim_{\tau \to 0} \int_0^\tau \frac{1}{\tau} d\tau = 1.$$

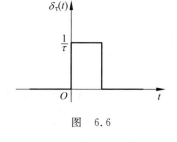

图 6.6

定义 6.4 满足以下两个条件

(1) 当 $t \neq 0$ 时,$\delta(t) = 0$;

(2) $\int_{-\infty}^{+\infty} \delta(t) dt = 1$

的函数为 δ 函数,即所谓的单位脉冲函数.

说明 δ 函数用长度为 1 的有向线段来表示(图 6.7),它表示只在 $t=0$ 处有一个脉冲,其冲击强度为 1 $\left(\text{即} \int_{-\infty}^{+\infty} \delta(t) dt = 1\right)$(图 6.8),在 $t=0$ 外各处函数值为零.

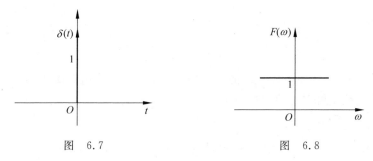

图 6.7　　　　　　　　　　图 6.8

6.2.2 单位脉冲函数的性质

性质 1(筛选性) 对任意的函数 $f(t)$,有

$$f(t) = \int_{-\infty}^{+\infty} f(\tau) \delta(\tau - t) d\tau. \tag{6.11}$$

特别是当 $t=0$ 时,对任意的函数 $f(t)$ 有

$$f(0) = \int_{-\infty}^{+\infty} f(\tau) \delta(\tau) d\tau.$$

证明 令 $\tau - t = x$,则

$$\int_{-\infty}^{+\infty} f(\tau) \delta(\tau - t) d\tau = \int_{-\infty}^{+\infty} f(t+x) \delta(x) dx$$

$$= \lim_{\varepsilon \to 0} \int_0^\varepsilon \frac{1}{\varepsilon} f(t+x) dx$$

$$= \lim_{\varepsilon \to 0} \frac{1}{\varepsilon} \int_0^\varepsilon f(t+x) dx.$$

由于 $f(t)$ 是无穷次可微函数,显然 $f(t)$ 是连续函数,按积分中值定理,有

$$\int_{-\infty}^{+\infty} f(\tau)\delta(\tau - t)\mathrm{d}\tau = \lim_{\varepsilon \to 0} \frac{1}{\varepsilon} \int_0^{\varepsilon} f(t+x)\mathrm{d}x$$
$$= \lim_{\varepsilon \to 0} f(t + \theta\varepsilon)(0 < \theta < 1),$$

所以
$$\int_{-\infty}^{+\infty} f(\tau)\delta(\tau - t)\mathrm{d}\tau = f(t).$$

说明 (1) 根据(6.11)式,则 δ-函数的傅里叶变换

$$F(\omega) = \mathcal{F}[\delta(t)] = \int_{-\infty}^{+\infty} \delta(t)\mathrm{e}^{-\mathrm{i}\omega t}\mathrm{d}t = \mathrm{e}^{-\mathrm{i}\omega t}\Big|_{t=0} = 1,$$

且
$$\delta(t) = \mathcal{F}^{-1}[F(\omega)] = \frac{1}{2\pi}\int_{-\infty}^{+\infty} \mathrm{e}^{\mathrm{i}\omega t}\mathrm{d}\omega.$$

为避免混淆,记 $\tau = \omega$,则有
$$\delta(\omega) = \frac{1}{2\pi}\int_{-\infty}^{+\infty} \mathrm{e}^{\mathrm{i}\tau\omega}\mathrm{d}\tau = \frac{1}{2\pi}\int_{-\infty}^{+\infty} \mathrm{e}^{\mathrm{i}\omega\tau}\mathrm{d}\tau,$$

即
$$\int_{-\infty}^{+\infty} \mathrm{e}^{\mathrm{i}\omega\tau}\mathrm{d}\tau = 2\pi\delta(\omega). \tag{6.12}$$

(2) 这是单位脉冲函数 $\delta(t)$ 的一个重要性质. 利用筛选性质我们还可以得到如下性质,其他性质可以由筛选性质推出.

性质 2(奇偶性) δ 函数为偶函数(图 6.7),即有 $\delta(t) = \delta(-t)$.

性质 3(积分性) 对于单位阶跃函数 $u(t) = \begin{cases} 0, & t<0 \\ 1, & t>0 \end{cases}$,有

$$u(t) = \int_{-\infty}^{t} \delta(\tau)\mathrm{d}\tau.$$

即单位阶跃函数是单位脉冲函数的一个原函数. 由此还可推得 $\dfrac{\mathrm{d}}{\mathrm{d}t}u(t) = \delta(t)$.

性质 4(微分性) δ 函数是无穷次可微的函数,它的各阶导数 $\delta^{(n)}(t)(n=1, 2,\cdots)$ 对任意无穷次可微的函数 $f(t)$,有

$$\int_{-\infty}^{+\infty} \delta^{(n)}(t)f(t)\mathrm{d}t = (-1)^n f^{(n)}(0).$$

说明 (1) 单位脉冲函数只能看成是单位脉冲的一种理想化的模型. 任何真实的物理系统都会有惯性存在,因此不可能对输入作出瞬时的响应. 定义 6.3 中的 $\delta_\tau(t)$ 正是这种惯性的一种反映;如果脉冲的持续时间较长,τ 可取大一点;若持续期较短则 τ 可取小一点. 若脉冲的持续期足够短,以至于持续期内脉冲力不再起作用,则单位脉冲函数 $\delta(t)$ 就是这一现象的理想化结果.

(2) 当然,定义 6.4 只是 δ 函数的一个不严格定义. 这里介绍 δ 函数的主要目的是为工程技术研究提供一个有用的数学工具,而不必去追求它在数学上的严谨叙述

或证明. 事实上, 本文所提到的有关 δ 函数的各条性质都可作为 δ 函数不严格的定义, 只不过每个侧重点有所不同.

(3) 利用 δ 函数, 很多古典意义下不存在傅里叶变换的函数可以求出其广义傅里叶变换.

例 1 分别求函数 $f_1(t) = 1$ 和函数 $f_2(t) = \mathrm{e}^{\mathrm{i}\omega_0 t}$ 的傅里叶变换.

解 由傅里叶变换的定义有
$$\begin{aligned} F_1(\omega) &= \mathcal{F}[f_1(t)] \\ &= \int_{-\infty}^{+\infty} \mathrm{e}^{-\mathrm{i}\omega t} \mathrm{d}t \xrightarrow{\diamondsuit \tau = -t} \int_{-\infty}^{+\infty} \mathrm{e}^{\mathrm{i}\omega \tau} \mathrm{d}\tau = 2\pi \delta(\omega), \text{(由(6.12)式得)} \\ F_2(\omega) &= \mathcal{F}[f_2(t)] \\ &= \int_{-\infty}^{+\infty} \mathrm{e}^{\mathrm{i}\omega_0 t} \mathrm{e}^{-\mathrm{i}\omega t} \mathrm{d}t = \int_{-\infty}^{+\infty} \mathrm{e}^{\mathrm{i}(\omega_0 - \omega)t} \mathrm{d}t = 2\pi \delta(\omega - \omega_0). \end{aligned}$$

例 2 证明单位阶跃函数 $u(t) = \begin{cases} 0, & t < 0 \\ 1, & t > 0 \end{cases}$ 的傅里叶变换为
$$\mathcal{F}[u(t)] = \frac{1}{\mathrm{i}\omega} + \pi \delta(\omega).$$

证明 若 $F(\omega) = \dfrac{1}{\mathrm{i}\omega} + \pi\delta(\omega)$, 则求傅里叶逆变换可得
$$\begin{aligned} f(t) &= \mathcal{F}^{-1}[F(\omega)] \\ &= \frac{1}{2\pi} \int_{-\infty}^{+\infty} \left[\frac{1}{\mathrm{i}\omega} + \pi \delta(\omega) \right] \mathrm{e}^{\mathrm{i}\omega t} \mathrm{d}\omega \\ &= \frac{1}{2\pi} \int_{-\infty}^{+\infty} \frac{1}{\mathrm{i}\omega} \mathrm{e}^{\mathrm{i}\omega t} \mathrm{d}\omega + \frac{1}{2\pi} \int_{-\infty}^{+\infty} \pi \delta(\omega) \mathrm{e}^{\mathrm{i}\omega t} \mathrm{d}\omega \\ &= \frac{1}{2\pi} \int_{-\infty}^{+\infty} \frac{\sin \omega t}{\omega} \mathrm{d}\omega + \frac{1}{2} \int_{-\infty}^{+\infty} \delta(\omega) \mathrm{e}^{\mathrm{i}\omega t} \mathrm{d}\omega \\ &= \frac{1}{2} + \frac{1}{\pi} \int_{0}^{+\infty} \frac{\sin \omega t}{\omega} \mathrm{d}\omega. \end{aligned}$$

利用 Dirichlet 积分 $\int_{0}^{+\infty} \dfrac{\sin \omega}{\omega} \mathrm{d}\omega = \dfrac{\pi}{2}$, 易求得
$$\int_{0}^{+\infty} \frac{\sin \omega t}{\omega} \mathrm{d}\omega = \begin{cases} -\dfrac{\pi}{2}, & t < 0 \\ 0, & t = 0, \\ \dfrac{\pi}{2}, & t > 0 \end{cases}$$

将此结果代入 $f(t)$ 的表达式中, 当 $t \neq 0$ 时, 可得
$$f(t) = \frac{1}{2} + \frac{1}{\pi} \int_{0}^{+\infty} \frac{\sin \omega t}{\omega} \mathrm{d}\omega = \begin{cases} \dfrac{1}{2} + \dfrac{1}{\pi}\left(-\dfrac{\pi}{2}\right) = 0, & t < 0 \\ \dfrac{1}{2} + \dfrac{1}{\pi} \cdot \dfrac{\pi}{2} = 1, & t > 0 \end{cases}.$$

这表明 $\frac{1}{i\omega}+\pi\delta(\omega)$ 的傅里叶逆变换为 $f(t)=u(t)$. 因此,单位阶跃函数 $u(t)$ 的傅里叶变换为 $\frac{1}{i\omega}+\pi\delta(\omega)$.

说明 (1) 由例 2 可知单位阶跃函数 $u(t)$ 和 $\frac{1}{i\omega}+\pi\delta(\omega)$ 构成了一个傅里叶变换对. $u(t)$ 的积分表达式为

$$u(t)=\frac{1}{2}+\frac{1}{\pi}\int_0^{+\infty}\frac{\sin\omega t}{\omega}d\omega.$$

(2) 同样的方法可得,1 和 $2\pi\delta(\omega)$;$e^{i\omega_0 t}$ 和 $2\pi\delta(\omega-\omega_0)$ 也分别构成一个傅里叶变换对. 且由此可得

$$\int_{-\infty}^{+\infty}e^{-i\omega t}dt=2\pi\delta(\omega),\quad \int_{-\infty}^{+\infty}e^{-i(\omega-\omega_0)t}dt=2\pi\delta(\omega-\omega_0).$$

显然,这两个积分在普通意义下都是不存在的.

例 3 求正弦函数 $f(t)=\sin\omega_0 t$ 的傅里叶变换.

解 根据傅里叶变换公式,有

$$\begin{aligned}F(\omega)&=\mathcal{F}[f(t)]\\&=\int_{-\infty}^{+\infty}e^{-i\omega t}\sin\omega_0 t\,dt\\&=\int_{-\infty}^{+\infty}\frac{e^{i\omega_0 t}-e^{-i\omega_0 t}}{2i}e^{-i\omega t}dt\\&=\frac{1}{2i}\int_{-\infty}^{+\infty}[e^{-i(\omega-\omega_0)t}-e^{-i(\omega+\omega_0)t}]dt\\&=\frac{1}{2i}[2\pi\delta(\omega-\omega_0)-2\pi\delta(\omega+\omega_0)]\\&=i\pi[\delta(\omega+\omega_0)-\delta(\omega-\omega_0)],\end{aligned}$$

即有

$$\mathcal{F}[\sin\omega_0 t]=i\pi[\delta(\omega+\omega_0)-\delta(\omega-\omega_0)].$$

说明 同理可得

$$\mathcal{F}[\cos\omega_0 t]=\pi[\delta(\omega+\omega_0)+\delta(\omega-\omega_0)].$$

在工程应用中一些常见的函数及其傅里叶变换可以通过查表得到.

6.3 傅里叶变换的性质

在本节中,假定求傅里叶变换的函数都满足傅里叶积分定理的条件.

6.3.1 基本性质

1. 线性性质

设 $F_1(\omega)=\mathcal{F}[f_1(t)]$,$F_2(\omega)=\mathcal{F}[f_2(t)]$,$\alpha,\beta$ 为常数,则

$$\mathcal{F}[\alpha f_1(t)+\beta f_2(t)]=\alpha F_1(\omega)+\beta F_2(\omega).$$

同样,傅里叶逆变换亦有线性性质:

$$\mathcal{F}^{-1}[\alpha F_1(\omega)+\beta F_2(\omega)]=\alpha f_1(t)+\beta f_2(t).$$

2. 位移性

时间函数 $f(t)$ 沿 t 轴向左或向右位移 t_0 的傅里叶变换等于 $f(t)$ 的傅里叶变换乘以因子 $\mathrm{e}^{\mathrm{i}\omega t_0}$ 或 $\mathrm{e}^{-\mathrm{i}\omega t_0}$,即有

$$\mathcal{F}[f(t\pm t_0)]=\mathrm{e}^{\pm\mathrm{i}\omega t_0}\mathcal{F}[f(t)].$$

证明 由傅里叶变换的定义,可知

$$\begin{aligned}\mathcal{F}[f(t\pm t_0)]&=\int_{-\infty}^{+\infty}f(t\pm t_0)\mathrm{e}^{-\mathrm{i}\omega t}\mathrm{d}t\quad(\diamondsuit\ t\pm t_0=u)\\ &=\int_{-\infty}^{+\infty}f(u)\mathrm{e}^{-\mathrm{i}\omega(u\mp t_0)}\mathrm{d}u\\ &=\mathrm{e}^{\pm\mathrm{i}\omega t_0}\int_{-\infty}^{+\infty}f(u)\mathrm{e}^{-\mathrm{i}\omega u}\mathrm{d}u\\ &=\mathrm{e}^{\pm\mathrm{i}\omega t_0}\mathcal{F}[f(t)].\end{aligned}$$

说明 同样,傅里叶逆变换亦有类似的位移性质:

$$\mathcal{F}^{-1}[F(\omega\mp\omega_0)]=\mathrm{e}^{\pm\mathrm{i}\omega_0 t}f(t). \tag{6.13}$$

傅里叶变换的位移性具有鲜明的物理意义.(6.13)式说明,当一个函数(或信号)沿时间轴移动后,它的频率的大小不发生改变,但位移发生变化.(6.13)式一般用来进行频谱搬移,这一技术在通信系统中得到了广泛应用.

例 1 求矩形单位脉冲 $f(t)=\begin{cases}E, & 0<t<\tau \\ 0, & \text{其他}\end{cases}$ 的频谱函数.

解 根据傅里叶变换的定义有

$$\begin{aligned}F(\omega)=\mathcal{F}[f(t)]&=\int_{-\infty}^{+\infty}f(t)\mathrm{e}^{-\mathrm{i}\omega t}\mathrm{d}t\\ &=\int_0^{\tau}E\mathrm{e}^{\mathrm{i}\omega t}\mathrm{d}t\\ &=-\frac{E}{\mathrm{i}\omega}\mathrm{e}^{\mathrm{i}\omega t}\Big|_0^{\tau}\\ &=\frac{E}{\mathrm{i}\omega}\mathrm{e}^{-\mathrm{i}\frac{\omega\tau}{2}}(\mathrm{e}^{\mathrm{i}\frac{\omega\tau}{2}}-\mathrm{e}^{-\mathrm{i}\frac{\omega\tau}{2}})\\ &=\frac{2E}{\omega}\mathrm{e}^{-\mathrm{i}\frac{\omega\tau}{2}}\sin\frac{\omega\tau}{2}.\end{aligned}$$

此题也可以根据 6.1 节中例 1,已知矩形单位脉冲

$$f_1(t)=\begin{cases}E, & \dfrac{\tau}{2}<t<\dfrac{\tau}{2} \\ 0, & \text{其他}\end{cases}$$

的频谱函数为

$$F_1(\omega) = \frac{2E}{\omega}\sin\frac{\omega\tau}{2},$$

而 $f(t)$ 可以由 $f_1(t)$ 在时间轴上向右平移 $\frac{\tau}{2}$ 得到,所以利用位移性质可得

$$F(\omega) = \mathcal{F}[f(t)] = \mathcal{F}\left[f_1\left(t - \frac{\tau}{2}\right)\right]$$

$$= e^{-i\omega\frac{\tau}{2}}F_1(\omega) = \frac{2E}{\omega}e^{-i\frac{\omega\tau}{2}}\sin\frac{\omega\tau}{2}.$$

3. 相似性

设 $F(\omega) = \mathcal{F}[f(t)]$,$a$ 为非零常数,则

$$\mathcal{F}[f(at)] = \frac{1}{|a|}F\left(\frac{\omega}{a}\right). \tag{6.14}$$

证 $\mathcal{F}[f(at)] = \int_{-\infty}^{+\infty}f(at)e^{-i\omega t}dt$,令 $x = at$,则当 $a > 0$ 时,

$$\mathcal{F}[f(at)] = \frac{1}{a}\int_{-\infty}^{+\infty}f(at)e^{-i\frac{\omega}{a}x}dx = \frac{1}{a}F\left(\frac{\omega}{a}\right);$$

当 $a < 0$ 时,

$$\mathcal{F}[f(at)] = \frac{1}{a}\int_{+\infty}^{-\infty}f(x)e^{-i\frac{\omega}{a}x}dx = -\frac{1}{a}F\left(\frac{\omega}{a}\right).$$

综合上述两种情况,得

$$\mathcal{F}[f(at)] = \frac{1}{|a|}F\left(\frac{\omega}{a}\right).$$

此性质的物理意义也是非常明显的. 它说明,若函数(或信号)被压缩($a > 1$),则其频谱被扩展;反之,若函数被扩展($a < 1$),则其频谱被压缩.

例 2 已知抽样信号 $f(t) = \frac{\sin 2t}{\pi t}$ 的频谱为

$$F(\omega) = \begin{cases} 1, & |\omega| \leqslant 2 \\ 0, & |\omega| > 2 \end{cases},$$

求信号 $g(t) = f\left(\frac{t}{2}\right)$ 的频谱 $G(\omega)$.

解 由(6.11)式可得

$$G(\omega) = \mathcal{F}[g(t)] = \mathcal{F}\left[f\left(\frac{t}{2}\right)\right] = 2F(2\omega) = \begin{cases} 2, & |\omega| \leqslant 1 \\ 0, & |\omega| > 1 \end{cases}.$$

从图 6.9 中可以看出,由 $f(t)$ 扩展后的信号 $g(t)$ 变得平缓,频率变低,即频率范围由原来的 $|\omega| < 1$ 变为 $|\omega| < 2$.

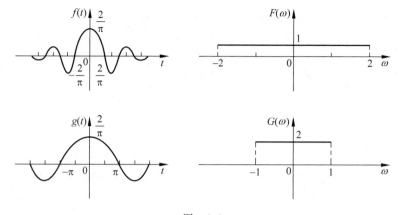

图 6.9

4. 微分性

如果 $f(t)$ 在 $(-\infty,+\infty)$ 连续或只有有限个间断点,且当 $|t|\to+\infty$ 时,$f(t)\to 0$,则

$$\mathcal{F}[f'(t)] = \mathrm{i}\omega\,\mathcal{F}[f(t)]. \tag{6.15}$$

证明 由傅里叶变换的定义,并利用分部积分可得

$$\mathcal{F}[f'(t)] = \int_{-\infty}^{+\infty} f'(t)\mathrm{e}^{-\mathrm{i}\omega t}\,\mathrm{d}t$$

$$= f(t)\mathrm{e}^{-\mathrm{i}\omega t}\Big|_{-\infty}^{+\infty} + \mathrm{i}\omega\int_{-\infty}^{+\infty} f(t)\mathrm{e}^{-\mathrm{i}\omega t}\,\mathrm{d}t$$

$$= \mathrm{i}\omega\,\mathcal{F}[f(t)].$$

推论 1 若 $f^{(k)}(t)$ 在 $(-\infty,+\infty)$ 连续或只有有限个间断点,且当 $|t|\to+\infty$ 时,$f^{(k)}(t)\to 0$,$k=0,1,2,\cdots,n-1$,则有

$$\mathcal{F}[f^{(n)}(t)] = (\mathrm{i}\omega)^n\,\mathcal{F}[f(t)]. \tag{6.16}$$

同样,还能得到像函数的导数公式.设 $\mathcal{F}[f(t)]=F(\omega)$,则有

$$\frac{\mathrm{d}}{\mathrm{d}\omega}F(\omega) = -\mathrm{i}\,\mathcal{F}[t\,f(t)].$$

一般地,有

$$\frac{\mathrm{d}^n}{\mathrm{d}\omega^n}F(\omega) = (-\mathrm{i})^n\,\mathcal{F}[t^n f(t)].$$

说明 在实际中,常常用像函数的导数公式来计算 $\mathcal{F}[t^n f(t)]$.

例 3 已知函数 $f(t)=\begin{cases}0, & t<0\\ \mathrm{e}^{-\beta t}, & t\geq 0\end{cases}$ $(\beta>0)$,试求 $\mathcal{F}[tf(t)]$ 及 $\mathcal{F}[t^2 f(t)]$.

解 根据 6.1 节的例 3 知

$$F(\omega) = \mathcal{F}[f(t)] = \frac{1}{\beta + i\omega},$$

利用像函数的导数公式,有

$$\mathcal{F}[tf(t)] = i\frac{d}{d\omega}F(\omega) = \frac{1}{(\beta + i\omega)^2},$$

$$\mathcal{F}[t^2 f(t)] = i^2 \frac{d^2}{d\omega^2}F(\omega) = \frac{2}{(\beta + i\omega)^3}.$$

5. 积分性

设 $\mathcal{F}[f(t)] = F(\omega)$,如果当 $t \to +\infty$ 时, $g(t) = \int_{-\infty}^{t} f(t)dt \to 0$,则

$$\mathcal{F}\left[\int_{-\infty}^{t} f(t)dt\right] = \frac{1}{i\omega}\mathcal{F}[f(t)]. \tag{6.17}$$

证明 因为

$$\frac{d}{dt}\int_{-\infty}^{t} f(t)dt = f(t),$$

所以

$$\mathcal{F}\left[\frac{d}{dt}\int_{-\infty}^{t} f(t)dt\right] = \mathcal{F}[f(t)].$$

又根据上述微分性质有

$$\mathcal{F}\left[\frac{d}{dt}\int_{-\infty}^{t} f(t)dt\right] = i\omega\,\mathcal{F}\left[\int_{-\infty}^{t} f(t)dt\right],$$

故

$$\mathcal{F}\left[\int_{-\infty}^{t} f(t)dt\right] = \frac{1}{i\omega}\mathcal{F}[f(t)].$$

6.3.2 卷积

1. 卷积

定义 6.5 设 $f_1(t)$ 与 $f_2(t)$ 在 $(-\infty, +\infty)$ 内有定义,若反常积分

$$\int_{-\infty}^{+\infty} f_1(\tau)f_2(t-\tau)d\tau$$

对任何实数收敛,则它定义了一个自变量为 t 的函数,称此函数为 $f_1(t)$ 与 $f_2(t)$ 卷积,记为

$$f_1(t) * f_2(t) = \int_{-\infty}^{+\infty} f_1(\tau)f_2(t-\tau)d\tau.$$

根据定义,不难推出卷积满足以下定律:

(1) $f_1(t) * f_2(t) = f_2(t) * f_1(t)$; (交换律)

(2) $f_1(t) * [f_2(t) * f_3(t)] = [f_1(t) * f_2(t)] * f_3(t)$; (结合律)

(3) $f_1(t) * [f_2(t) + f_3(t)] = f_1(t) * f_2(t) + f_1(t) * f_3(t)$.　　　　（分配律）

例 4 求下列函数的卷积.

$$f(t) = \begin{cases} e^{-\alpha t}, & t \geq 0 \\ 0, & t < 0 \end{cases}, 如图 6.10(a)所示, g(t) = \begin{cases} e^{-\beta t}, & t \geq 0 \\ 0, & t < 0 \end{cases}, 如图 6.10(b)所$$

示，其中 $\alpha > 0, \beta > 0$ 且 $\alpha \neq \beta$.

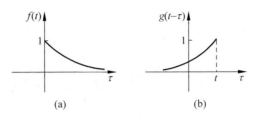

图 6.10

解 由定义有

$$f(t) * g(t) = \int_{-\infty}^{+\infty} f(\tau) g(t-\tau) d\tau,$$

由图 6.9，可得当 $t < 0$ 时，

$$f(t) * g(t) = 0;$$

当 $t \geq 0$ 时，

$$f(t) * g(t) = \int_0^t f(\tau) g(t-\tau) d\tau = \int_0^t e^{-\alpha \tau} e^{-\beta(t-\tau)} d\tau$$

$$= e^{-\beta t} \int_0^t e^{-(\alpha-\beta)\tau} d\tau = \frac{1}{\alpha - \beta} (e^{-\beta t} - e^{-\alpha t}).$$

综合得到

$$f(t) * g(t) = \begin{cases} 0, & t < 0 \\ \dfrac{1}{\alpha - \beta}(e^{-\beta t} - e^{-\alpha t}), & t \geq 0 \end{cases}.$$

2. 卷积定理

定理 6.3 设 $F_1(\omega) = \mathcal{F}[f_1(t)], F_2(\omega) = \mathcal{F}[f_2(t)]$，则有

$$\mathcal{F}[f_1(t) * f_2(t)] = F_1(\omega) \cdot F_2(\omega),$$

$$\mathcal{F}[f_1(t) \cdot f_2(t)] = \frac{1}{2\pi} F_1(\omega) * F_2(\omega).$$

例 5 设 $f(t) = e^{-\beta t} u(t) \sin\omega_0 t \, (\beta > 0)$，求 $\mathcal{F}[f(t)]$.

解 由定理 6.3 得

$$F(\omega) = \mathcal{F}[f(t)]$$

$$= \frac{1}{2\pi} F[\mathrm{e}^{-\beta t} u(t)] * F[\sin\omega_0 t],$$

又由例 3 与例 4 可知

$$F(\omega) = \mathcal{F}[f(t)] = \frac{1}{\beta + \mathrm{i}\omega},$$

$$F[\sin\omega_0 t] = \mathrm{i}\pi[\delta(\omega+\omega_0) - \delta(\omega-\omega_0)].$$

因此有

$$f(t) = \frac{1}{2\pi} \int_{-\infty}^{+\infty} \frac{\pi}{\beta + \mathrm{i}\tau} [\delta(\omega+\omega_0) + \delta(\omega-\omega_0)] \mathrm{d}\tau$$

$$= \frac{1}{2} \left[\frac{1}{\beta + \mathrm{i}(\omega+\omega_0)} + \frac{1}{\beta + \mathrm{i}(\omega-\omega_0)} \right]$$

$$= \frac{\beta + \mathrm{i}\omega}{(\beta + \mathrm{i}\omega)^2 + \omega_0^2}.$$

例 6 描述某系统的微分方程为

$$y'(t) + 2y(t) = f(t),$$

求输入 $f(t) = \mathrm{e}^{-1} u(t)$ 时系统的响应.

解 令 $f(t) \leftrightarrow F(\mathrm{i}\omega)$, $y(t) \leftrightarrow Y(\mathrm{i}\omega)$, 对方程取傅里叶变换, 得

$$\mathrm{i}\omega Y(\mathrm{i}\omega) + 2Y(\mathrm{i}\omega) = F(\mathrm{i}\omega),$$

由上式可得该系统的频率响应函数

$$H(\mathrm{i}\omega) = \frac{Y(\mathrm{i}\omega)}{F(\mathrm{i}\omega)} = \frac{1}{\mathrm{i}\omega + 2}.$$

由于 $f(t) = \mathrm{e}^{-1} u(t) F(\mathrm{i}\omega) = \frac{1}{\mathrm{i}\omega + 1}$, 故有

$$Y(\mathrm{i}\omega) = H(\mathrm{i}\omega) F(\mathrm{i}\omega) = \frac{1}{(\mathrm{i}\omega+2)(\mathrm{i}\omega+1)}$$

$$= \frac{1}{\mathrm{i}\omega + 1} - \frac{1}{\mathrm{i}\omega + 2}.$$

取傅里叶逆变换, 得

$$y(t) = (\mathrm{e}^{-t} - \mathrm{e}^{-2t}) u(t).$$

小结

本章讨论的傅里叶变换是在对信号分析作频谱分析中使用的重要工具, 介绍其概念和性质, 通过例题显示了对函数的傅里叶变换对, 例如对于单位脉冲函数, 我们应从物理上理解函数的意义, 进而掌握它在积分计算中的应用, 尤其就利用函数及其傅里叶变换计算出其他常用函数的傅里叶变换.

本章主要介绍了以下四个方面的内容:

1. 傅里叶积分公式

从傅里叶级数及其复数形式推出傅里叶积分公式

$$f(t) = \frac{1}{2\pi}\int_{-\infty}^{+\infty}\left[\int_{-\infty}^{+\infty}f(\tau)e^{-i\omega\tau}d\tau\right]e^{i\omega t}d\omega$$

及傅里叶积分定理.

2. 傅里叶变换

称

$$F(\omega) = \int_{-\infty}^{+\infty}f(t)e^{-i\omega t}dt$$

为函数 $f(t)$ 的傅里叶变换,记为 $\mathcal{F}[f(t)]$,即

$$\mathcal{F}[f(t)] = F(\omega) = \int_{-\infty}^{+\infty}f(t)e^{-i\omega t}dt$$

称

$$f(t) = \frac{1}{2\pi}\int_{-\infty}^{+\infty}F(\omega)e^{i\omega t}d\omega$$

称该积分运算为取函数 $F(\omega)$ 的傅里叶逆变换,记为 $\mathcal{F}^{-1}[F(\omega)]$,即

$$\mathcal{F}^{-1}[F(\omega)] = f(t) = \frac{1}{2\pi}\int_{-\infty}^{+\infty}F(\omega)e^{i\omega t}d\omega$$

3. 傅里叶变换的性质

(1) 线性性

$$\mathcal{F}[\alpha f_1(t) + \beta f_2(t)] = \alpha F_1(\omega) + \beta F_2(\omega);$$

(2) 位移性

$$\mathcal{F}[f(t \pm t_0)] = e^{\pm i\omega t_0}\mathcal{F}[f(t)];$$

(3) 相似性

$$\mathcal{F}[f(at)] = \frac{1}{|a|}F\left(\frac{\omega}{a}\right);$$

(4) 微分性

$$\mathcal{F}[f'(t)] = i\omega\mathcal{F}[f(t)];$$

(5) 积分性

如果当 $t \to +\infty$ 时, $g(t) = \int_{-\infty}^{t}f(t)dt \to 0$, 则

$$\mathcal{F}\left[\int_{-\infty}^{t}f(t)dt\right] = \frac{1}{i\omega}\mathcal{F}[f(t)].$$

4. 卷积

(1) 定义

$$f_1(t) * f_2(t) = \int_{-\infty}^{+\infty}f_1(\tau)f_2(t-\tau)d\tau.$$

(2) 性质

$$f_1(t) * f_2(t) = f_2(t) * f_1(t); \quad \text{(交换律)}$$
$$f_1(t) * [f_2(t) * f_3(t)] = [f_1(t) * f_2(t)] * f_3(t); \quad \text{(结合律)}$$
$$f_1(t) * [f_2(t) + f_3(t)] = f_1(t) * f_2(t) + f_1(t) * f_3(t). \quad \text{(分配律)}$$

(3) 卷积定理

设 $F_1(\omega) = \mathcal{F}[f_1(t)], F_2(\omega) = \mathcal{F}[f_2(t)]$，则有

$$\mathcal{F}[f_1(t) * f_2(t)] = F_1(\omega) \cdot F_2(\omega),$$
$$\mathcal{F}[f_1(t) f_2(t)] = \frac{1}{2\pi} F_1(\omega) * F_2(\omega).$$

习题六

1. 根据傅里叶积分公式，推出函数 $f(t)$ 的傅里叶积分公式的三角形式：
$$f(t) = \frac{1}{\pi} \int_0^{+\infty} \left[\int_{-\infty}^{+\infty} f(\tau) \cos\omega(t-\tau) \mathrm{d}\tau \right] \mathrm{d}\omega.$$

2. 证明：如果 $f(t)$ 满足傅里叶变换定理的条件，则有
$$f(t) = \int_0^{+\infty} a(\omega) \cos\omega t \,\mathrm{d}\omega + \int_0^{+\infty} b(\omega) \sin\omega t \,\mathrm{d}\omega.$$

3. 试求 $f(t) = |\sin t|$ 的离散频谱和它的傅里叶级数的复指数形式.

4. 求下列函数的傅里叶变换：

(1) $f(t) = \begin{cases} -1, & -1 < t < 0 \\ 1, & 0 < t < 1 \\ 0, & \text{其他} \end{cases}$；
(2) $f(t) = \begin{cases} e^t, & t \leqslant 0 \\ 0, & t > 0 \end{cases}$；

(3) $f(t) = \begin{cases} 1 - t^2, & |t| \leqslant 1 \\ 0, & |t| > 1 \end{cases}$；
(4) $f(t) = \begin{cases} e^{-t} \sin 2t, & t \geqslant 0 \\ 0, & t < 0 \end{cases}$；

(5) $f(t) = e^{-|t|}$；
(6) $f(t) = t e^{-t^2}$；

(7) $f(t) = \dfrac{1}{t^4 + 1}$；
(8) $f(t) = \dfrac{t}{t^4 + 1}$.

5. 求下列函数的傅里叶变换，并证明所列的积分等式.

(1) $f(t) = \begin{cases} 1, & |t| \leqslant 1 \\ 0, & |t| > 1 \end{cases}$，证明 $\displaystyle\int_0^{+\infty} \frac{\sin\omega \cos\omega t}{\omega} \mathrm{d}\omega = \begin{cases} \dfrac{\pi}{4}, & |t| < 1 \\ \dfrac{\pi}{2}, & |t| = 1 \\ 0, & |t| > 1 \end{cases}$；

(2) $f(t) = \begin{cases} \sin t, & |t| \leqslant \pi \\ 0, & |t| > \pi \end{cases}$，证明 $\displaystyle\int_0^{+\infty} \frac{\sin\omega\pi \sin\omega t}{1 - \omega^2} \mathrm{d}\omega = \begin{cases} \dfrac{\pi}{2} \sin t, & |t| \leqslant \pi \\ 0, & |t| > \pi \end{cases}$.

6. 求下列函数的傅里叶变换(利用傅里叶变换的性质及一些基本函数的傅里叶变换来求解).

(1) $\operatorname{sgn} t = \begin{cases} -1, & t<0, \\ 1, & t>0; \end{cases}$

(2) $f(t) = \cos t \sin t$;

(3) $f(t) = \sin^3 t$;

(4) $f(t) = \sin\left(5t + \dfrac{\pi}{3}\right)$.

7. 画出单位阶跃函数 $u(t)$ 的幅谱图.

8. 证明：若 $\mathcal{F}[\mathrm{e}^{\mathrm{i}\varphi(t)}] = F(\omega)$，其中 $\varphi(t)$ 为一实函数，则

$$\mathcal{F}[\cos\varphi(t)] = \frac{1}{2}[F(\omega) - \overline{F(-\omega)}],$$

$$\mathcal{F}[\cos\varphi(t)] = \frac{1}{2\mathrm{i}}[F(\omega) - \overline{F(-\omega)}].$$

9. 设 $F(\omega) = \mathcal{F}[f(t)]$，证明：

$$f(\pm\omega) = \frac{1}{2\pi}\int_{-\infty}^{+\infty} F(\mp t)\mathrm{e}^{-\mathrm{i}\omega t}\,\mathrm{d}t.$$

10. 设函数 $f(t)$ 的傅里叶变换 $F(\omega)$，a 为一常数. 证明：

$$\mathcal{F}[f(at)](\omega) = \frac{1}{|a|}F\left(\frac{\omega}{a}\right).$$

11. 已知 $F(\omega) = \pi[\delta(\omega+\omega_0) + \delta(\omega-\omega_0)]$ 为函数 $f(t)$ 的傅里叶变换，求 $f(t)$.

12. 求函数 $f(t) = \dfrac{1}{2}\left[\delta(t+a) + \delta(t-a) + \delta\left(t+\dfrac{a}{2}\right) + \delta\left(t-\dfrac{a}{2}\right)\right]$ 的傅里叶积分变换.

13. 设 $F(\omega) = \mathcal{F}[F](\omega)$，证明：

$$\mathcal{F}[f(t)\cos\omega_0 t](\omega) = \frac{1}{2}[F(\omega-\omega_0) + F(\omega+\omega_0)]$$

以及

$$\mathcal{F}[f(t)\sin\omega_0 t](\omega) = \frac{1}{2}[F(\omega-\omega_0) - F(\omega+\omega_0)].$$

14. 求下列函数的傅里叶变换.

(1) $f(t) = \sin\omega_0 t \cdot u(t)$;

(2) $f(t) = \mathrm{e}^{\mathrm{i}\omega_0 t}u(t)$.

第 7 章 拉普拉斯变换

对于第 6 章所介绍的傅里叶变换,除要求函数满足狄利克雷条件外,还要在 $(-\infty, +\infty)$ 上绝对可积. 即使是最简单的函数如正(余)弦函数、单位阶跃函数等都不满足此条件. 其次, 傅里叶变换还要求函数在整个数轴要有定义, 但在许多实际问题中不需要 $t<0$ 的情况. 为克服上述不足, 我们引入拉普拉斯(Laplace)变换. 本章先导出拉普拉斯变换的定义, 介绍它的性质, 而后研究其逆变换及其应用.

7.1 拉普拉斯变换的概念

7.1.1 拉普拉斯变换的定义

在实际应用中,例如我们考虑电路中的电流 $I(t)$,它是关于时间 t 的函数. 令初始时刻为零, 且当 $t<0$ 时 $I(t)=0$, 因此, 它的傅里叶变换即可表示为

$$F(\omega) = \int_0^{+\infty} I(t) e^{-i\omega t} dt.$$

但 ω 仍是取全体实数,因此,其逆变换的积分限不变. 其次引入一个衰减因子 $e^{-\delta t}$(δ 为任意实数)使它与函数 $f(t)$ 相乘,这样 $e^{-\delta t} f(t)$ 就有希望满足傅里叶变换的条件. 求出 $e^{-\delta t} f(t)$ 的傅里叶变换

$$\begin{aligned} F(\omega) &= \int_0^{+\infty} (f(t) e^{-\delta t}) e^{-i\omega t} dt \\ &= \int_0^{+\infty} f(t) e^{-(\delta+i\omega)t} dt. \end{aligned}$$

令 $s=\delta+i\omega$,则上式可表示为

$$F(s) = \int_0^{\infty} f(t) e^{-st} dt,$$

称为 $f(t)$ 的拉普拉斯变换.

定义 7.1 设函数 $f(t)$ 在 $t \geqslant 0$ 时有定义, 而且积分

$$\int_0^{+\infty} f(t) e^{-st} dt, \tag{7.1}$$

在复数 s 的某一个区域内收敛, 则由此积分所确定的函数记为

$$F(s) = \ell[f(t)] = \int_0^{+\infty} f(t)e^{-st} dt. \quad (7.2)$$

称(7.2)式为函数 $f(t)$ 的**拉普拉斯变换式**，$F(s)$ 称为 $f(t)$ 的**拉普拉斯变换**（或称为**像函数**）。

若 $F(s)$ 是 $f(t)$ 的拉普拉斯变换，则称 $f(t)$ 是 $F(s)$ 的**拉普拉斯逆变换**（或称为**原像函数**），记作

$$f(t) = \ell^{-1}[F(s)]. \quad (7.3)$$

定理 7.1（拉普拉斯变换存在定理） 若函数 $f(t)$ 满足下列条件：

(1) $f(t)$ 在 $t \geqslant 0$ 的任一有限区间上分段连续；

(2) 当 $t \to +\infty$ 时，$f(t)$ 具有有限增长性，即存在常数 $M > 0$ 及 $\alpha_0 \geqslant 0$，使得

$$|f(t)| \leqslant Me^{\alpha_0 t} \quad (0 \leqslant t < +\infty) \quad (7.4)$$

（其中 α_0 称为 $f(t)$ 的增长指数），则 $f(t)$ 的像函数 $F(s) = \int_0^{+\infty} f(t)e^{-st} dt$ 在半平面 $\text{Re}(s) = \alpha > \alpha_0$ 上必存在，右边的积分绝对收敛，且在此半平面上 $F(s)$ 为解析函数．（证明从略）

下面介绍一些常用函数的拉普拉斯变换．

例 1 求单位阶跃函数 $u(t) = \begin{cases} 0, & t < 0 \\ 1, & t > 0 \end{cases}$ 的拉普拉斯变换．

解 由题得 $\ell[u(t)] = \int_0^{+\infty} u(t)e^{-st} dt = \int_0^{+\infty} e^{-st} dt$

$$= -\frac{e^{-st}}{s}\Big|_0^{+\infty} = \frac{1}{s} \quad (\text{Re}(s) > 0).$$

例 2 求函数 $f(t) = e^{at}$ 的拉普拉斯变换，其中 a 是复常数．

解 由题 $\ell[f(t)] = \ell[e^{at}] = \int_0^{+\infty} e^{at} e^{-st} dt = \int_0^{+\infty} e^{-(s-a)t} dt$

$$= \frac{-1}{s-a} e^{-(s-a)t}\Big|_0^{+\infty} = \frac{1}{s-a} \quad (\text{Re}(s) > \text{Re}(a)).$$

例 3 求 $\ell[\delta(t)]$．

解 $\ell[\delta(t)] = \int_0^{+\infty} \delta(t) e^{-st} dt = e^{-st}\Big|_{t=0} = 1.$

例 4 求正弦函数 $\sin at$ 的拉普拉斯变换，其中 a 为实数．

解 由题得

$$\ell[\sin at] = \int_0^{+\infty} \sin at \cdot e^{-st} dt$$

$$= \frac{e^{-st}}{s^2 + a^2}(-s\sin at - a\cos at)\Big|_0^{+\infty}$$

$$= \frac{a}{s^2 + a^2} \quad (\text{Re}(s) > 0).$$

同样可以得到余弦函数 $\cos at$ 的拉普拉斯变换

$$\ell[\cos at] = \frac{s}{s^2 + a^2} \quad (\text{Re}(s) > 0).$$

然而,一般情况下,我们解决实际问题时并不使用广义积分计算求得函数的拉普拉斯变换,而是利用现成的拉普拉斯变换简表,查找公式并代入计算得到结果.

7.1.2 拉普拉斯变换的性质

由定义我们可以求出一些常见函数的拉普拉斯变换,然而,在实际应用中我们一般不进行这样的计算,更多的是利用拉普拉斯变换的一些基本性质得到它们的变换式.为了叙述方便,假设以下提到的所有函数均满足定理 7.1 中的条件.

1. 线性性

设 a,b 为复常数,记 $\ell[f_1(t)] = F_1(s), \ell[f_2(t)] = F_2(s)$,则

$$\ell[af_1(t) + bf_2(t)] = aF_1(s) + bF_2(s), \tag{7.5}$$

$$\ell^{-1}[aF_1(s) + bF_2(s)] = af_1(t) + bf_2(t). \tag{7.6}$$

例 5 求函数 $f(t) = \sin^2 t$ 的拉普拉斯变换.

解 因为 $f(t) = \sin^2 t = \frac{1}{2}(1 - \cos 2t)$,所以有

$$\ell[f(t)] = \ell[\sin^2 t] = \frac{1}{2}(\ell[1] - \ell[\cos 2t])$$

$$= \frac{1}{2}\left(\frac{1}{s} - \frac{s}{s^2 + 4}\right).$$

2. 相似性

设 $a > 0, \ell[f(t)] = F(s)$,则

$$\ell[f(at)] = \frac{1}{a} F\left(\frac{s}{a}\right). \tag{7.7}$$

证 令 $y = at$,则

$$\ell[f(at)] = \int_0^{+\infty} f(at) e^{-st} dt = \frac{1}{a} \int_0^{+\infty} f(y) e^{-\frac{s}{a}y} dy = \frac{1}{a} F\left(\frac{s}{a}\right).$$

由拉普拉斯逆变换可得

$$\ell^{-1}[F(as)] = \frac{1}{a} f\left(\frac{t}{a}\right) \quad (a > 0). \tag{7.8}$$

例 6 已知 $\ell[\sin t] = \frac{1}{s^2 + 1}$,求 $\ell[\sin at] (a > 0)$.

解 由相似性得

$$\ell[\sin at] = \frac{1}{a} \frac{1}{\left(\frac{s}{a}\right)^2 + 1} = \frac{1}{a} \frac{a^2}{s^2 + a^2} = \frac{a}{s^2 + a^2}.$$

3. 延迟性

若 $\ell[f(t)] = F(s)$,则对 $t_0 > 0$,有

$$\ell[f(t - t_0)] = e^{-st_0} F(s), \tag{7.9}$$

$$\ell^{-1}[e^{-st_0} F(s)] = f(t - t_0). \tag{7.10}$$

证 因为当 $t < 0$ 时,有 $f(t) = 0$,所以当 $t < t_0$ 时,$f(t - t_0) = 0$,有

$$\ell[f(t - t_0)] = \int_0^{+\infty} f(t - t_0) e^{-st} dt$$

$$= \int_{t_0}^{+\infty} f(t - t_0) e^{-st} dt$$

$$= \int_0^{+\infty} f(u) e^{-s(u + t_0)} du$$

$$= e^{-st_0} \int_0^{+\infty} f(u) e^{-su} du$$

$$= e^{-st_0} F(s).$$

例 7 求函数

$$u(t - \omega) = \begin{cases} 0, & t < \omega \\ 1, & t > \omega \end{cases}$$

的拉普拉斯变换.

解 已知阶跃函数 $u(t)$ 的拉普拉斯变换为

$$\ell[u(t)] = \frac{1}{s},$$

根据延迟性质,有

$$\ell[u(t - \omega)] = \frac{1}{s} e^{-s\omega}.$$

4. 位移性

设 $\ell[f(t)] = F(s)$. 对常数 s_0,若 $\mathrm{Re}(s - s_0) > \alpha_0$,则有

$$\ell[e^{s_0 t} f(t)] = F(s - s_0). \tag{7.11}$$

证 $\ell[e^{s_0 t} f(t)] = \int_0^{+\infty} e^{-st} e^{s_0 t} f(t) dt = \int_0^{+\infty} e^{-(s - s_0) t} f(t) dt = F(s - s_0).$

例 8 求 $\ell[e^{-at} \sin kt]$,其中 a, k 为复常数.

解 因为 $\ell[\sin kt] = \dfrac{k}{s^2 + k^2}$,由位移性得

$$\ell[e^{-at} \sin kt] = \frac{k}{(s + a)^2 + k^2}.$$

5. 微分性

设 $\ell[f(t)] = F(s)$,且 $f'(t)$ 存在,则有

$$\ell[f'(t)] = sF(s) - f(0). \tag{7.12}$$

一般地,有

$$\ell[f^{(n)}(t)] = s^n F(s) - s^{n-1} f(0) - s^{n-2} f'(0) - \cdots - f^{(n-1)}(0), \tag{7.13}$$

其中 $f^{(k)}(0)$ 应理解为 $\lim\limits_{t \to 0^+} f^{(k)}(t)$.

证 由拉普拉斯变换的定义,有

$$\ell[f'(t)] = \int_0^{+\infty} f'(t) e^{-st} dt,$$

由分部积分公式,得

$$\int_0^{+\infty} f'(t) e^{-st} dt = f(t) e^{-st} \Big|_0^{+\infty} + s \int_0^{+\infty} f(t) e^{-st} dt.$$

由于 $|f(t) e^{-st}| \leqslant M e^{-(\beta-c)t}$,$\mathrm{Re}(s) = \beta > c$,故 $\lim\limits_{t \to +\infty} f(t) e^{-st} = 0$,因此

$$\ell[f'(t)] = sF(s) - f(0).$$

再利用数学归纳法,则可求得(7.13)式.

例 9 设 $\ell[\sin kt] = F(s)$,求 $\ell[t \sin kt]$,其中 k 为复常数.

解 $\ell[t \sin kt] = -\dfrac{d}{ds}\ell[\sin kt] = -\dfrac{d}{ds}\left(\dfrac{k}{s^2 + k^2}\right) = \dfrac{2ks}{(s^2 + k^2)^2}.$

同理可得

$$\ell[t \cos kt] = -\frac{d}{ds}\left(\frac{s}{s^2 + k^2}\right) = \frac{s^2 - k^2}{(s^2 + k^2)^2}.$$

6. 积分性

如果 $\ell[f(t)] = F(s)$,则有

$$\ell\left[\int_0^t f(t) dt\right] = \frac{1}{s} F(s). \tag{7.14}$$

若积分 $\int_s^\infty F(s) ds$ 收敛,则 $\dfrac{f(t)}{t}$ 的拉普拉斯变换存在,且有

$$\ell\left[\frac{f(t)}{t}\right] = \int_s^\infty F(s) ds. \tag{7.15}$$

证 记 $g(t) = \int_0^t f(t) dt$,则有 $g'(t) = f(t)$,且 $g(0) = 0$. 由(7.12)式,有

$$\ell[g'(t)] = s\ell[g(t)] - g(0) = s\ell[g(t)],$$

故有

$$\ell\left[\int_0^t f(t) dt\right] = \frac{1}{s}\ell[f(t)] = \frac{1}{s} F(s).$$

且

$$\int_s^\infty F(s)\mathrm{d}s = \int_s^\infty \left[\int_0^{+\infty} f(t)\mathrm{e}^{-st}\mathrm{d}t\right]\mathrm{d}s$$

$$= \int_0^{+\infty} f(t)\left[\int_s^\infty \mathrm{e}^{-st}\mathrm{d}s\right]\mathrm{d}t$$

$$= \int_0^{+\infty} f(t)\left[-\frac{1}{t}\mathrm{e}^{-st}\right]\bigg|_s^\infty \mathrm{d}t$$

$$= \int_0^{+\infty} \frac{f(t)}{t}\mathrm{e}^{-st}\mathrm{d}t = \ell\left[\frac{f(t)}{t}\right].$$

例 10 求函数 $f(t) = \dfrac{\sin t}{t}$ 的拉普拉斯变换.

解 因为 $\ell[\sin t] = \dfrac{1}{s^2+1}$，由(7.15)式得

$$\ell[f(t)] = \int_s^\infty \ell[\sin t]\mathrm{d}s$$

$$= \int_s^\infty \frac{1}{s^2+1}\mathrm{d}s$$

$$= \arctan s \bigg|_s^\infty$$

$$= \frac{\pi}{2} - \arctan s.$$

7. 周期性

设 $f(t)$ 是以 T 为周期的函数，且 $f(t)$ 在一个周期上分段连续，则

$$\ell[f(t)] = \frac{1}{1-\mathrm{e}^{-pt}}\int_0^T f(t)\mathrm{e}^{-pt}\mathrm{d}t. \tag{7.16}$$

8. 卷积性

(1) 卷积的概念

若 $f_1(t)$ 与 $f_2(t)$ 都有当 $t<0$ 时，$f_1(t) = f_2(t) = 0$，则其卷积为

$$f_1(t) * f_2(t) = \int_{-\infty}^0 f_1(\tau)f_2(t-\tau)\mathrm{d}\tau + \int_0^t f_1(\tau)f_2(t-\tau)\mathrm{d}\tau + \int_t^{+\infty} f_1(\tau)f_2(t-\tau)\mathrm{d}\tau$$

$$= \int_0^t f_1(\tau)f_2(t-\tau)\mathrm{d}\tau. \tag{7.17}$$

例 11 求 $t * \sin t$.

解 $t * \sin t = \displaystyle\int_0^t \tau\sin(t-\tau)\mathrm{d}\tau$

$$= \tau\cos(t-\tau)\bigg|_{\tau=0}^{\tau=t} - \int_0^t \cos(t-\tau)\mathrm{d}\tau$$

$$= t - \sin t.$$

(2) 卷积的性质

① 满足交换律：$f_1(t) * f_2(t) = f_2(t) * f_1(t)$.

② 满足结合律：$f_1(t) * [f_2(t) * f_3(t)] = [f_1(t) * f_2(t)] * f_3(t)$.

③ 满足对加法分配律：$f_1(t) * [f_2(t) + f_3(t)] = f_1(t) * f_2(t) + f_1(t) * f_3(t)$.

④ 满足不等式：$|f_1(t) * f_2(t)| \leqslant |f_1(t)| * |f_2(t)|$.

(3) 卷积定理

设 $f_1(t)$ 与 $f_2(t)$ 均满足拉普拉斯变换存在定理的条件，且 $\ell[f_1(t)] = F_1(s)$，$\ell[f_2(t)] = F_2(s)$，则 $f_1(t) * f_2(t)$ 的拉普拉斯变换必存在，且

$$\ell[f_1(t) * f_2(t)] = F_1(s) F_2(s), \tag{7.18}$$

$$\ell^{-1}[F_1(s) F_2(s)] = f_1(t) * f_2(t). \tag{7.19}$$

例 12 若 $F(s) = \dfrac{s^2}{(s^2+1)^2}$，求 $f(t)$.

解 由 $F(s) = \dfrac{s}{s^2+1} \cdot \dfrac{s}{s^2+1}$，取 $F_1(s) = \dfrac{s}{s^2+1}$，$F_2(s) = \dfrac{s}{s^2+1}$，得

$$f_1(t) = \cos t, \quad f_2(t) = \cos t.$$

根据卷积性质有

$$f(t) = \cos t * \cos t = \int_0^t \cos\tau \cos(t-\tau) d\tau = \frac{1}{2} \int_0^t [\cos t + \cos(2\tau - t)] d\tau$$

$$= \frac{1}{2}(t\cos t + \sin t).$$

*9. 初值性

设 $\ell[f(t)] = F(s)$，$\ell[f'(t)]$ 存在，且 $\lim\limits_{s \to \infty} sF(s)$ 存在，则

$$f(0) = \lim_{t \to 0} f(t) = \lim_{s \to \infty} sF(s). \tag{7.20}$$

例 13 设 $\ell[f(t)] = \dfrac{1}{s+a} (a > 0)$，求 $f(0)$.

解 $f(0) = \lim\limits_{s \to \infty} sF(s) = \lim\limits_{s \to \infty} \dfrac{s}{s+a} = 1$.

*10. 终值性

设 $\ell[f(t)] = F(s)$，$\ell[f'(t)]$ 与 $\lim\limits_{t \to +\infty} f(t)$ 存在，则

$$f(+\infty) = \lim_{t \to +\infty} f(t) = \lim_{s \to 0} sF(s). \tag{7.21}$$

例 14 若 $\ell[f(t)] = \dfrac{1}{s+a} (a > 0)$，求 $f(+\infty)$.

解 $f(+\infty) = \lim\limits_{s \to 0} sF(s) = \lim\limits_{s \to 0} \dfrac{s}{s+a} = 0$.

7.2 拉普拉斯逆变换

7.1 节主要讨论函数 $f(t)$ 的拉普拉斯变换 $F(s)$ 及其性质. 在实际应用中常常会遇到需要求逆变换的情况, 即已知函数 $f(t)$ 的拉普拉斯变换 $F(s)$, 求 $f(t)$. 前两节介绍了一些求原函数的公式, 但那些公式还远不能解决实际问题, 下面我们将介绍几种常用的方法.

从拉普拉斯变换的定义, 函数 $f(t)$ 的拉普拉斯变换实际上就是函数 $f(t)u(t)e^{-\delta t}$ 的傅里叶变换, 其中 $u(t)$ 是单位阶跃函数. 因此, 当函数 $f(t)u(t)e^{-\delta t}$ 满足傅里叶变换定理的条件时, 对于 $t>0$ 且函数 $f(t)$ 在该点连续, 我们有

$$\begin{aligned}f(t)u(t)e^{-\delta t} &= \frac{1}{2\pi}\int_{-\infty}^{+\infty}\left(\int_{-\infty}^{+\infty}f(y)u(y)e^{-\delta y}e^{-i\omega y}dy\right)e^{i\omega t}d\omega \\ &= \frac{1}{2\pi}\int_{-\infty}^{+\infty}e^{i\omega t}d\omega\left(\int_{0}^{+\infty}f(y)e^{-(\delta+i\omega)y}dy\right) \\ &= \frac{1}{2\pi}\int_{-\infty}^{+\infty}F(\delta+i\omega)e^{i\omega t}d\omega.\end{aligned}$$

上式两边同时乘以 $e^{\delta t}$, 则对 $t>0$, 有

$$f(t) = \frac{1}{2\pi}\int_{-\infty}^{+\infty}F(\delta+i\omega)e^{(\delta+i\omega)t}d\omega.$$

令 $s=\delta+i\omega$, 则有

$$f(t) = \frac{1}{2\pi i}\int_{\delta-i\infty}^{\delta+i\infty}F(s)e^{st}ds, \quad t>0.$$

上式就是从像函数 $F(s)$ 出发求原像函数 $f(t)$ 的一般公式. 右端的积分称为拉普拉斯变换的反演积分.

例 1 求 $\mathscr{L}^{-1}\left[\ln\left(1+\frac{1}{s}\right)\right]$.

解 设 $F(s)=\ln\left(1+\frac{1}{s}\right)=\ln(s+1)-\ln s$, 则 $F'(s)=\left[\ln\left(1+\frac{1}{s}\right)\right]'=\frac{1}{s+1}-\frac{1}{s}$.

由 $\mathscr{L}^{-1}[F'(s)]=-t\mathscr{L}^{-1}[F(s)]$, 得

$$\begin{aligned}\mathscr{L}^{-1}\left[\ln\left(1+\frac{1}{s}\right)\right] &= -\frac{1}{t}\mathscr{L}^{-1}[F'(s)] = -\frac{1}{t}\mathscr{L}^{-1}\left(\frac{1}{s+1}-\frac{1}{s}\right) \\ &= -\frac{1}{t}(e^{-t}-1) = \frac{1}{t}(1-e^{-t}).\end{aligned}$$

利用拉普拉斯变换的反演积分公式, 就能求得拉普拉斯逆变换, 即可求出原像函数. 下面我们介绍一种更加实用的针对有理函数求原像函数的方法.

如果 $F(s)$ 是 s 的实系数有理真分式 (式中 $m<n$), 则可写为

$$F(s) = \frac{B(s)}{A(s)} = \frac{b_m s^m + b_{m-1}s^{m-1} + \cdots + b_1 s + b_0}{a_n s^n + a_{n-1}s^{n-1} + \cdots + a_1 s + a_0}. \tag{7.22}$$

(7.22)式中的分母 $A(s)$ 称为 $F(s)$ 的特征多项式,方程 $A(s)=0$ 称为特征方程,它的根称为特征根,也称为 $F(s)$ 的固有频率.特征根可能有实根(含零根),也可能是复根(含虚根);可能是单根,也可能是重根.类似于不定积分中,有理分式的积分利用部分分式法进行积分,$F(s)$ 也可用同样的方法将其展开.下面将根据特征根的不同结果分几种情况进行讨论.

(1) $F(s)$ 有单极点(特征根为单根)

如果方程 $A(s)=0$ 的根都是单根,且其 n 个根 $s_1, s_2, \cdots, s_n$ 各不相等,则根据代数理论,$F(s)$ 可以得到如下展开式:

$$F(s) = \frac{B(s)}{A(s)} = \frac{K_1}{s-s_1} + \frac{K_2}{s-s_2} + \cdots + \frac{K_n}{s-s_n} = \sum_{i=1}^{n} \frac{K_i}{s-s_i}, \quad (7.23)$$

待定系数 K_i 可用代数理论中解方程组的方法求得.下面我们介绍另外两种求待定系数 K_i 的方法:

① 将式(7.23)等号两端同乘以 $(s-s_i)$,得

$$(s-s_i)F(s) = \frac{(s-s_i)B(s)}{A(s)} = \frac{(s-s_i)K_1}{s-s_1} + \cdots + K_i + \cdots + \frac{(s-s_i)K_n}{s-s_n},$$

当 $s \to s_i$ 时,因其根各不相等,故等号右端除 K_i 一项外均趋于零,得

$$K_i = (s-s_i)F(s)\Big|_{s=s_i} = \lim_{s \to s_i}\left[(s-s_i)\frac{B(s)}{A(s)}\right], \quad (7.24)$$

② 由于 s_i 是 $A(s)=0$ 的根,故有 $A(s_i)=0$,这样(7.24)式可改写为

$$K_i = \lim_{s \to s_i} \frac{B(s)}{\dfrac{A(s)-A(s_i)}{(s-s_i)}},$$

根据导数的定义,当 $s \to s_i$ 时,上式的分母为

$$\lim_{s \to s_i} \frac{A(s)-A(s_i)}{s-s_i} = \frac{\mathrm{d}}{\mathrm{d}s}A(s)\Big|_{s=s_i} = A'(s_i),$$

所以

$$K_i = \frac{B(s_i)}{A'(s_i)}. \quad (7.25)$$

例 2 求 $\mathscr{L}^{-1}\left[\dfrac{2s+3}{s^3+s^2-2s}\right]$.

解 利用部分分式法得

$$\frac{2s+3}{s^3+s^2-2s} = \frac{-\dfrac{3}{2}}{s} + \frac{\dfrac{5}{3}}{s-1} + \frac{-\dfrac{1}{6}}{s+2}.$$

故

$$\mathscr{L}^{-1}\left[\frac{2s+3}{s^3+s^2-2s}\right] = -\frac{3}{2}\mathscr{L}^{-1}\left[\frac{1}{s}\right] + \frac{5}{3}\mathscr{L}^{-1}\left[\frac{1}{s-1}\right] - \frac{1}{6}\mathscr{L}^{-1}\left[\frac{1}{s+2}\right]$$

$$= -\frac{3}{2} + \frac{5}{3}\mathrm{e}^{t} - \frac{1}{6}\mathrm{e}^{-2t}.$$

例 3 求 $F(s) = \dfrac{s+4}{s^3 + 3s^2 + 2s}$ 的原函数 $f(t)$.

解 像函数的分母多项式为
$$A(s) = s^3 + 3s^2 + 2s = s(s+1)(s+2),$$
方程 $A(s)=0$ 有三个单实根 $s_1 = 0, s_2 = -1, s_3 = -2$，根据上述方法可求得
$$K_1 = s \cdot \frac{s+4}{s(s+1)(s+2)}\bigg|_{s=0} = 2,$$
$$K_2 = (s+1) \cdot \frac{s+4}{s(s+1)(s+2)}\bigg|_{s=-1} = -3,$$
$$K_3 = (s+2) \cdot \frac{s+4}{s(s+1)(s+2)}\bigg|_{s=-2} = 1,$$
所以
$$F(s) = \frac{s+4}{s^3 + 3s^2 + 2s} = \frac{2}{s} - \frac{3}{s+1} + \frac{1}{s+2}.$$
取其逆变换，得
$$f(t) = 2 - 3\mathrm{e}^{-t} + \mathrm{e}^{-2t}, \quad t \geqslant 0,$$
或写为
$$f(t) = (2 - 3\mathrm{e}^{-t} + \mathrm{e}^{-2t})u(t).$$

(2) $F(s)$ 有共轭单极点(特征根为共轭单根)

方程 $A(s)=0$ 若有复数根(或虚根)，它们必共轭成对，否则，多项式 $A(s)$ 的系数中必有一部分是复数或虚数，而不可能全为实数.

例 4 求 $F(s) = \dfrac{s+2}{s^2 + 2s + 2}$ 的原函数 $f(t)$.

解 像函数的分母多项式为
$$A(s) = s^2 + 2s + 2 = (s + 1 - \mathrm{i})(s + 1 + \mathrm{i}).$$
方程 $A(s) = 0$ 有一对共轭复根 $s_{1,2} = -1 \pm \mathrm{i}$，用上述方法②可求得各系数为
$$K_1 = \frac{B(s_1)}{A'(s_1)} = \frac{s+2}{2s+2}\bigg|_{s=-1+\mathrm{i}} = \frac{1+\mathrm{i}}{2\mathrm{i}} = \frac{\sqrt{2}}{2}\mathrm{e}^{-\mathrm{i}\frac{\pi}{4}},$$
$$K_2 = \frac{B(s_2)}{A'(s_2)} = \frac{s+2}{2s+2}\bigg|_{s=-1-\mathrm{i}} = \frac{1-\mathrm{i}}{-2\mathrm{i}} = \frac{\sqrt{2}}{2}\mathrm{e}^{\mathrm{i}\frac{\pi}{4}}.$$
系数 K_1, K_2 也互为共轭复数. $F(s)$ 可展开为
$$F(s) = \frac{s+2}{s^2 + 2s + 2} = \frac{\frac{\sqrt{2}}{2}\mathrm{e}^{-\mathrm{i}\frac{\pi}{4}}}{s+1-\mathrm{i}} + \frac{\frac{\sqrt{2}}{2}\mathrm{e}^{\mathrm{i}\frac{\pi}{4}}}{s+1+\mathrm{i}},$$
取逆变换，得

$$f(t) = \left[\frac{\sqrt{2}}{2}e^{-i\frac{\pi}{4}}e^{(-1+i)t} + \frac{\sqrt{2}}{2}e^{i\frac{\pi}{4}}e^{(-1-i)t}\right]u(t)$$

$$= \frac{\sqrt{2}}{2}e^{-t}\left[e^{i\left(t-\frac{\pi}{4}\right)} + e^{-i\left(t-\frac{\pi}{4}\right)}\right]u(t)$$

$$= \sqrt{2}e^{-t}\cos\left(t - \frac{\pi}{4}\right)u(t).$$

(3) $F(s)$有重极点(特征根为重根).

如果$A(s)=0$在$s=s_1$处有r重根,即$s=s_1=\cdots=s_r$,而其余$n-r$个根$s_{r+1},\cdots,s_n$都不等于s_1.则函数$F(s)$的展开式可写为

$$F(s) = \frac{B(s)}{A(s)} = \frac{K_{11}}{(s-s_1)^r} + \frac{K_{12}}{(s-s_1)^{r-1}} + \cdots + \frac{K_{1r}}{s-s_1} + \frac{B_2(s)}{A_2(s)}$$

$$= \sum_{j=1}^{r} \frac{K_{1j}}{(s-s_1)^{r+1-j}} + \frac{B_2(s)}{A_2(s)}$$

$$= F_1(s) + F_2(s), \tag{7.26}$$

式中$F_2(s) = \frac{B_2(s)}{A_2(s)}$是除重根以外的项,且当$s_1 = s_2$时$A_2(s_1) \neq 0$. 各系数$K_{1j}(j=1,2,\cdots,r)$可这样求得,将式(7.26)等号两端同乘以$(s-s_1)^r$,得

$$(s-s_1)^r F(s) = K_{11} + (s-s_1)K_{12} + \cdots + (s-s_1)^{j-1}K_{1j} + \cdots$$

$$+ (s-s_1)^{r-1}K_{1r} + (s-s_1)^r \frac{B_2(s)}{A_2(s)}, \tag{7.27}$$

令$s=s_1$,得

$$K_{11} = \left[(s-s_1)^r F(s)\right]\Big|_{s=s_1},$$

将式(7.27)对s求导数,得

$$\frac{d}{ds}\left[(s-s_1)^r F(s)\right] = K_{12} + \cdots + (j-1)(s-s_1)^{j-2}K_{1j} + \cdots$$

$$+ (r-1)(s-s_1)^{r-2}K_{1r} + \frac{d}{ds}\left[(s-s_1)^r \frac{B_2(s)}{A_2(s)}\right],$$

令$s=s_1$,得

$$K_{12} = \frac{d}{ds}\left[(s-s_1)^r F(s)\right]\Big|_{s=s_1}.$$

以此类推,可得

$$K_{1j} = \frac{1}{(j-1)!} \frac{d^{j-1}}{ds^{j-1}}\left[(s-s_1)^r F(s)\right]\Big|_{s=s_1}, \quad j=1,2,\cdots,r. \tag{7.28}$$

例5 求像函数$F(s) = \dfrac{s+3}{(s+1)^3(s+2)}$的原函数$f(t)$.

解 $A(s)=0$有三重根$s_1=s_2=s_3=-1$和单根$s_4=-2$. 故$F(s)$可展开为

$$F(s) = \frac{s+3}{(s+1)^3(s+2)} = \frac{K_{11}}{(s+1)^3} + \frac{K_{12}}{(s+1)^2} + \frac{K_{13}}{s+1} + \frac{K_4}{s+2},$$

由式(7.28)和式(7.24)可分别求得系数 $K_{1j}(j=1,2,3)$ 和 K_4.

$$K_{11} = \left[(s+1)^3 F(s)\right]\Big|_{s=-1} = 2,$$

$$K_{12} = \frac{\mathrm{d}}{\mathrm{d}s}\left[(s+1)^3 F(s)\right]\Big|_{s=-1} = -1,$$

$$K_{13} = \frac{1}{2!} \cdot \frac{\mathrm{d}^2}{\mathrm{d}s^2}\left[(s+1)^3 F(s)\right]\Big|_{s=-1} = 1,$$

$$K_4 = \left[(s+2)F(s)\right]\Big|_{s=-2} = -1.$$

所以

$$F(s) = \frac{2}{(s+1)^3} - \frac{1}{(s+1)^2} + \frac{1}{s+1} - \frac{1}{s+2}.$$

取逆变换,得

$$f(t) = \left[(t^2 - t + 1)\mathrm{e}^{-t} - \mathrm{e}^{-2t}\right]u(t).$$

7.3 拉普拉斯变换的应用

7.3.1 解常微分方程

应用拉普拉斯变换求解常微分方程步骤:在方程两边取拉普拉斯变换,化为像函数 $y(s)$ 的代数方程,解出 $y(s)$,求拉普拉斯逆变换,即得所求的解. 其过程为:

```
本函数            微分方程              解
                     ↓取拉普拉斯逆变换    ↑拉普拉斯逆变换
像函数            代数方程 ——————→    解
```

例 1 解方程 $\begin{cases} y'' + 2y' + 5y = 0 \\ y(0) = 2, y'(0) = 2 \end{cases}$.

解 在方程两边取拉普拉斯变换得

$$s^2 y(s) - sy(0) - y'(0) + 2[sy(s) - y(0)] + 5y(s) = 0,$$

即

$$y(s)(s^2 + 2s + 5) = 2s + 6,$$

则

$$y(s) = \frac{2s+6}{s^2+2s+5} = \frac{2(s+1)+4}{(s+1)^2+2^2} = 2\frac{s+1}{(s+1)^2+2^2} + 2\frac{2}{(s+1)^2+2^2}.$$

取逆变换,得

$$y(t) = \mathscr{L}^{-1}[y(s)] = 2\mathrm{e}^{-t}\cos 2t + 2\mathrm{e}^{-t}\sin 2t$$

$$= 2\mathrm{e}^{-t}(\cos 2t + \sin 2t)$$
$$= 2\sqrt{2}\,\mathrm{e}^{-t}\sin\left(2t + \frac{\pi}{4}\right).$$

7.3.2 解常微分方程组

例 2 解方程组 $\begin{cases} \dfrac{\mathrm{d}x}{\mathrm{d}t} = 2x + 4y \\ \dfrac{\mathrm{d}y}{\mathrm{d}t} = -x + 2y \end{cases}, x(0) = 0, y(0) = 1.$

解 设 $\mathscr{L}[x(t)] = X(s), \mathscr{L}[y(t)] = Y(s)$,取拉普拉斯变换,则
$$\begin{cases} sX(s) - x(0) = 2X(s) + 4Y(s) \\ sY(s) - y(0) = -X(s) + 2Y(s) \end{cases},$$

即
$$\begin{cases} X(s)(s-2) + Y(s)(-4) = 0 \\ X(s) + Y(s)(s-2) = 1 \end{cases},$$

解出
$$X(s) = \frac{\begin{vmatrix} 0 & -4 \\ 1 & s-2 \end{vmatrix}}{\begin{vmatrix} s-2 & -4 \\ 1 & s-2 \end{vmatrix}} = \frac{4}{(s-2)^2 + 4} = \frac{2 \cdot 2}{(s-2)^2 + 2^2},$$

$$Y(s) = \frac{\begin{vmatrix} s-2 & 0 \\ 1 & 1 \end{vmatrix}}{\begin{vmatrix} s-2 & -4 \\ 1 & s-2 \end{vmatrix}} = \frac{s-2}{(s-2)^2 + 2^2}.$$

故
$$x(t) = \mathscr{L}^{-1}[X(s)] = 2\mathrm{e}^{2t}\sin 2t, \quad y(t) = \mathscr{L}^{-1}[Y(s)] = \mathrm{e}^{2t}\cos 2t.$$

7.3.3 综合应用

例 3 如图所示是 R 和 L 的串联电路,在 $t=0$ 时接到直流电势 E 上,求电流 $i(t)$.

解 由基尔霍夫定理知设 $i(t)$ 满足方程 $Ri(t) + L\dfrac{\mathrm{d}[i(t)]}{\mathrm{d}t} = E, i(0) = 0$

令 $I(s) = \mathscr{L}[i(t)]$,在方程两边取拉普拉斯变换得
$$RI(s) + LsI(s) = \frac{E}{s},$$

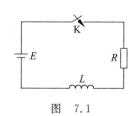

图 7.1

解得
$$I(s) = \frac{E}{s(R+sL)} = \frac{E}{R}\left[\frac{1}{s} - \frac{1}{s+(R/L)}\right].$$

求拉普拉斯逆变换得
$$i(t) = \frac{E}{R}(1 - e^{-\frac{R}{L}t}).$$

例 4 描述某 LTI 系统的微分方程为
$$y''(t) + 4y'(t) + 4y(t) = f'(t) + 3f(t),$$
已知输入 $f(t) = e^{-t}u(t)$，求该系统的零状态 $y_{zs}(t)$.

解 对方程两边取拉普拉斯变换得
$$s^2 Y_{zs}(s) + 4s Y_{zs}(s) + 4Y_{zs}(s) = sF(s) + 3F(s),$$

解得
$$Y_{zs}(s) = \frac{s+3}{s^2+4s+4} F(s),$$

而 $F(s) = \mathscr{L}[f(t)] = \frac{1}{s+1}$ 代入上式，得
$$Y_{zs}(s) = \frac{s+3}{s^2+4s+4} \cdot \frac{1}{s+1} = \frac{s+3}{(s+1)(s+2)^2},$$

利用部分分式展开上式，有
$$Y_{zs}(s) = \frac{2}{s+1} - \frac{1}{(s+2)^2} - \frac{2}{s+2},$$

所以
$$y_{zs}(t) = [2e^{-t} - (t+2)e^{-2t}]u(t).$$

小结

本章主要介绍了三部分内容：拉普拉斯变换的定义及其性质、拉普拉斯逆变换、拉普拉斯变换的应用.

1. 拉普拉斯变换的定义及性质

从傅里叶变换推出拉普拉斯变换
$$F(s) = \mathscr{L}[f(t)] = \int_0^{+\infty} f(t) e^{-st} dt.$$

$F(s)$ 称为 $f(t)$ 的拉普拉斯变换（或像函数），$f(t)$ 称为 $F(s)$ 的拉普拉斯逆变换（或原像函数），记作 $f(t) = \mathscr{L}^{-1}[F(s)]$.

（1）线性性
$$\mathscr{L}[af_1(t) + bf_2(t)] = aF_1(s) + bF_2(s),$$

$$\ell^{-1}[aF_1(s) + bF_2(s)] = af_1(t) + bf_2(t).$$

(2) 相似性

$$\ell[f(at)] = \frac{1}{a}F\left(\frac{s}{a}\right) \quad (a > 0),$$

$$\ell^{-1}[F(as)] = \frac{1}{a}f\left(\frac{t}{a}\right) \quad (a > 0).$$

(3) 延迟性

$$\ell[f(t-t_0)] = e^{-st_0}F(s),$$

$$\ell^{-1}[e^{-st_0}F(s)] = f(t-t_0).$$

(4) 位移性

$$\ell[e^{s_0 t}f(t)] = F(s-s_0).$$

(5) 微分性

$$\ell[f'(t)] = sF(s) - f(0),$$

$$F^{(n)}(s) = \ell[(-t)^n f(t)].$$

(6) 积分性

$$\ell\left[\int_0^t f(t)\,\mathrm{d}t\right] = \frac{1}{s}F(s),$$

$$\ell\left[\frac{f(t)}{t}\right] = \int_s^\infty F(s)\,\mathrm{d}s.$$

(7) 周期性

$$\ell[f(t)] = \frac{1}{1-e^{-pt}}\int_0^T f(t)e^{-pt}\,\mathrm{d}t.$$

(8) 卷积性

$$\ell[f_1(t) * f_2(t)] = F_1(s)F_2(s),$$

$$\ell^{-1}[F_1(s)F_2(s)] = f_1(t) * f_2(t).$$

(9) 初值性

$$f(0) = \lim_{t \to 0} f(t) = \lim_{s \to \infty} sF(s).$$

要求 $\ell[f'(t)]$ 和 $\lim\limits_{s \to \infty} sF(s)$ 都存在.

(10) 终值性

$$f(+\infty) = \lim_{t \to +\infty} f(t) = \lim_{s \to 0} sF(s).$$

要求 $\ell[f'(t)]$ 和 $\lim\limits_{t \to +\infty} f(t)$ 存在.

2. 拉普拉斯逆变换

一般方法就是利用拉普拉斯变换的反演积分公式求出逆变换(或原函数). 针对有理分式利用部分分式法进行积分的方法.

3. 拉普拉斯逆变换的应用

（1）解常微分方程.

（2）解常微分方程组.

（3）综合应用.

习题七

1. 求下列函数的拉普拉斯变换：

(1) $u(t)\begin{cases}1, & t>0 \\ 0, & t<0\end{cases}$;　　(2) $e^{-\alpha t}$（α 为任意常数）；　　(3) t.

2. 用拉普拉斯变换的性质求下列函数的像函数：

(1) $(t-1)u(t-1)$；　　　　　　(2) $u(t)-u(t-1)$；

(3) $\dfrac{1}{10}\sin 2t + 3\cos 4t$；　　　(4) $e^{-\lambda t}\sin\omega t$（$\lambda,\omega$ 为常数）；

(5) $t^n e^{p_0 t}$（n 为正整数，p_0 为常数）；

(6) $\dfrac{e^{bt}-e^{at}}{t}$（a,b 为常数）.

3. 设 $f(t)$ 以 2π 为周期，且在一个周期内的表示式为
$$f(t)=\begin{cases}\sin t, & 0<t\leqslant\pi \\ 0, & \pi<t<2\pi\end{cases},$$
求 $\ell[f(t)]$.

4. 求 $\sin kt * \sin kt$，其中 k 为常数.

5. 用卷积性证明：$\ell^{-1}\left[\dfrac{p}{(p^2+a^2)^2}\right]=\dfrac{t}{2a}\sin at$，其中 a 为常数.

6. 证明卷积满足对加法的分配律：
$$f_1(t) * [f_2(t)+f_3(t)] = f_1(t) * f_2(t) + f_1(t) * f_3(t).$$

7. 求下列像函数的拉普拉斯逆变换：

(1) $\dfrac{1}{s+2}$；　　　　　　　(2) $\dfrac{1}{s^2+25}$；

(3) $\dfrac{1}{s^3}$；　　　　　　　　(4) $\dfrac{1}{s^2}e^{-5s}$；

(5) $\dfrac{1}{s}(1-e^{-s})$；　　　　　(6) $\dfrac{e^{-5s}}{\sqrt{s-2}}$；

(7) $\ln\left(1+\dfrac{1}{s}\right)$；　　　　　(8) $\dfrac{1}{(s-2)^{n+1}}$.

8. 解下列常微分方程：

(1) $Ty'' + y = 1, y(0) = y'(0) = 0$ ($T > 0$ 为常数)；

(2) $y'' - 3y' + 2y = 4, y(0) = 1, y'(0) = 0.$

9. 解下列微分方程组：

(1) $\begin{cases} \dfrac{dx}{dt} + 5x + y = 0 \\ \dfrac{dy}{dt} - 2x + 3y = 0 \end{cases}, x(0) = 0, y(0) = 1;$ (2) $\begin{cases} \dfrac{dx}{dt} - 7x + y = 0 \\ \dfrac{dy}{dt} - 2x - 5y = 0 \end{cases}.$

10. 设 $\ell[y(t)] = Y(s)$，解微分积分方程

$$y(t) = a\sin t + \int_0^t \sin(t - \tau) y(\tau) d\tau.$$

第 8 章　MATLAB 在复变函数与积分变换中的应用

本部分将重点介绍使用 MATLAB 来进行复变函数的各种计算、留数的概念及 MATLAB 的实现；介绍在复变函数中有重要应用的泰勒展开（洛朗展开、拉普拉斯变换和傅里叶变换）.

8.1　复数及其矩阵生成的命令

在 MATLAB 中,复数的单位可以为 i 或 j,即 $i=j=\sqrt{-1}$.

1. 生成复数的命令

在 MATLAB 中,产生复数的方法有两种：
（1）由 z = x+y∗i 产生,可简写成 z = x +yi；
（2）由 z = r∗exp(i∗theta)产生,可简写成 z = r∗exp(theta i),其中 r 为复数 z 的模,theta 为复数 z 辐角的弧度值.

2. 输入复数矩阵的命令

MATLAB 的矩阵元素允许是复数、复变量和由它们组成的表达式. 复数矩阵的输入方法有两种：
（1）与实数矩阵相同的输入方法

例 1　$z=1+\sqrt{3}\,i$.

解　在 MATLAB 命令窗口输入

```
>> a = -1;b = sqrt(3);
>> C = [2,5*a + i*b,(b + 1)*sqrt(a); cos(pi/4),a + 5*b,3.5 + b^a]
C =
    2.0000            -5.0000 + 1.7321i        0 + 2.7321i
    0.7071             7.6603                  4.0774
```

(2) 将实部、虚部矩阵分开输入,再写成和的形式

例2 $z=1-2\mathrm{i}, z=5+\frac{\sqrt{3}}{2}\mathrm{i}$.

解 在 MATLAB 命令窗口输入

```
>> A = [1;5]+[-2; sqrt(3)/2]*i
A =
   1.0000 - 2.0000i
   5.0000 + 0.8660i
```

8.2 复数的运算

1. 求复数的实部与虚部的运算

复数的实部和虚部用命令 real 和 imag 提取.

格式:real(z)　　　　　　　% 返回复数 z 的实部
　　　imag(z)　　　　　　　% 返回复数 z 的虚部

2. 求共轭复数的运算

复数的共轭复数由命令 conj 实现.

格式:conj(z)　　　　　　　% 返回复数 z 的共轭复数

3. 求复数的模和辐角的运算

求复数的模和辐角由函数 abs 和 angle 实现.

格式:abs(z)　　　　　　　% 返回复数 z 的模
　　　angle(z)　　　　　　% 返回复数 z 的辐角

例1 求下列复数的实部、虚部、共轭复数、模、辐角.

(1) $\dfrac{\mathrm{i}}{1-\mathrm{i}}+\dfrac{1-\mathrm{i}}{\mathrm{i}}$; 　　　　(2) $\dfrac{(1+4\mathrm{i})(2-5\mathrm{i})}{\mathrm{i}}$;

(3) $\mathrm{i}^{10}-6\mathrm{i}^{15}+\mathrm{i}$; 　　　　(4) $\left(\dfrac{3-4\mathrm{i}}{1+2\mathrm{i}}\right)^2$.

解 可以将上述 4 个复数组成复矩阵一并处理.
在 MATLAB 编辑器中建立 M 文件 LX0903.m:

```
format rat                              % 有理数表示
z = [i/(1-i)+(1-i)/i,(1+4i)*(2-5i)/i,i^10-6*i^15+i,((3-4*i)/(1+2*i))^2];
re = real(z)                            % 求实部
im = imag(z)                            % 求虚部
z1 = conj(z)                            % 求共轭复数
r = abs(z)                              % 求模
```

```
theta = angle(z)                    % 求辐角
```

运行结果为：

```
re =
    -3/2              3              -1              -3
im =
    -1/2             -22              7               4
Z1 =
    -3/2 + 1/2i    3 + 22i         -1 - 7i         -3 - 4i
r =
    721/456       3708/167        1393/197           5
theta =
    -1080/383     -643/448        769/449        13505/6099
```

4. 复数的乘除运算

运算符：*   %乘法：模相乘，辐角相加
        /   %除法：模相除，辐角相减

例 2 设 $z_1 = 4e^{\frac{\pi}{3}i}, z_2 = 3 \cdot e^{\frac{\pi}{5}i}$，求 $\dfrac{z_1}{z_2}$ 的值.

解

```
>> z1 = 4 * exp(pi/3i);
>> z2 = 3 * exp(pi/5i);
>> z1/z2
ans =
    553/454    - 801/1477i
```

注意 $1/5i = 1/(5*i)$，而 $1/5i \neq 1/5*i = (1/5)*i$.

5. 求复数平方根的运算

函数：sqrt

格式：sqrt(z)   % 返回复数 z 的平方根值

例 3 设 $z_1 = 32 + 51i$，求 $\sqrt{z_1}$.

解

```
>> Z1 = 32 + 51i;
>> sqrt(z1)
ans =
    8277/1219    +    2888/769i
```

6. 求复数幂的运算

运算符：^

格式：z^n   % 返回复数 z 的 n 次幂

例 4 计算：$z_1 = \left(\dfrac{1-\sqrt{3}\,\mathrm{i}}{2}\right)^3, z_2 = (-1+\mathrm{i})^4, z_3 = \sqrt[6]{1+\mathrm{i}}$.

解 在 MATLAB 命令窗口输入

```
>> z1 = ((1 - sqrt(3) * i)/2)^3
   z1 =
       -1    -   1/9007199254740992i
>> z2 = ( -1 + i)^4
   z2 =
       -4
>> z3 = (1 + i)^(1/6)
   z3 =
       2105/2004    +    722/5221i              % 取 k = 0 之值
```

7. 复数的指数运算和对数运算

函数：exp   % 指数运算
　　　log   % 对数运算

格式：exp (z)   % 返回复数 z 的以 e 为底的指数函数值
　　　log (z)   % 返回复数 z 的以 e 为底的对数函数值

例 5 计算：$z_1 = \mathrm{e}^{1-\mathrm{i}\frac{\pi}{2}}, z_2 = 3^{\mathrm{i}}, z_3 = (1+\mathrm{i})^{\mathrm{i}}, z_4 = \log(-3+4\mathrm{i})$.

解 在 MATLAB 命令窗口输入

```
>> z1 = exp(1 - i * pi/2)
   z1 =
       1/6007927206890579 - 1457/536i
>> z2 = 3 ^ i                                   % 或 z2 = exp(i * log(3))
   z2 =
       1153/2535    +    293/329i
>> z3 = (1 + i)^i                               % 或 z3 = exp(i * log(1 + i))
   z3 =
       238/555    +    151/975i
>> z4 = log( - 3 + 4i)
   z4 =
       1603/996    + 13505/6099i
```

8. 复数的三角运算

MATLAB 中的 $\sin(z), \cos(z), \tan(z), \cot(z), \sec(z), \operatorname{asin}(z)$ 等函数, 用来返回复数 z 的函数值.

注意 在 MATLAB 中, 复数运算的结果都是主值. 如上述各例.

例 6 求 $\cos(1+\mathrm{i})$.

解

```
>> cos(1 + i)
ans =
    351/421    - 1247/1261i
```

9. 复数方程求根

函数：solve

格式：solve ('f (x) = 0')   % 求方程 f (x) = 0 的根

例 7 解复数方程 $e^z = 1 + \sqrt{3}\,i$.

解 在 MATLAB 命令窗口输入

```
>> solve('1 + sqrt(3) * i = exp(z)')
ans =
log(1 + i * 3^(1/2))
```

8.3 复变函数的积分

1. 非闭合路径的积分

非闭合路径的积分,用函数 int 求解,方法同微积分部分的积分.

例 1 计算：(1) $z_1 = \int_1^{1+i} z e^z dz$;   (2) $z_2 = \int_0^i (3e^z + 2z) dz$;

(3) $z_3 = \int_1^i (2 + iz)^2 dz$.

解 在 MATLAB 编辑器中编辑 M 文件 LX0908.m：

(1) $z_1 = \int_1^{1+i} z e^z dz$.

```
syms z
>> z1 = int(z * exp(z), z, 1, 1 + i)
    z1 =
        i * exp(1) * exp(i)
```

(2) $z_2 = \int_0^i (3e^z + 2z) dz$.

```
>> z2 = int(3 * exp(z) + 2 * z, z, 0, i)
    z2 =
    3 * exp(i) - 4
```

(3) $z_3 = \int_1^i (2 + iz)^2 dz$.

```
>> z3 = int((2 + i * z)^2, z, 1, i)
```

```
z3 =
   -11/3+1/3*i
```

说明 在 z_1 中定义表达式为符号；在 z_2、z_3、z_4 中，先定义符号变量，再进行积分. 两种方法都可行，且结果一样.

2. 闭合路径积分

留数定理：设函数 $f(z)$ 在区域 D 内除有限个孤立奇点 $z_1, z_2, \cdots, z_n$ 外处处解析，C 为 D 内包围诸奇点的一条正向简单闭曲线，则

$$\oint_C f(z) \mathrm{d}z = 2\pi \mathrm{i} \cdot \sum_{k=1}^{n} \mathrm{Res}[f(z), z_k].$$

闭合路径积分可以利用留数定理来计算.

例 2 计算下列积分：

(1) $\oint_C \dfrac{z-1}{z^2+3z} \mathrm{d}z$，其中 C 为正向圆周 $|z-3|=1$；

(2) $\oint_C \dfrac{z^5+1}{z^2+1} \mathrm{d}z$，其中 C 为正向圆周 $|z-2|=2$.

解 在 MATLAB 编辑器中建立 M 文件 LX0910.m：

(1) $\oint_C \dfrac{z-1}{z^2+3z} \mathrm{d}z$，其中 C 为正向圆周 $|z-3|=1$.

```
>> B = [1 -1];
>> A = [1 3 0];
>> [r,p,k] = residue(B,A)            % 求被积函数的留数
r =
     4/3
    -1/3
p =
    -3
     0
k =
    []
>> I = 2*pi*sum(r)                   % 利用留数定理计算积分值
 I =
    710/113
```

(2) $\oint_C \dfrac{z^5+1}{z^2+1} \mathrm{d}z$，其中 C 为正向圆周 $|z-2|=2$.

```
>> B = [1 0 0 0 0 1];
>> A = [1 0 1];
>> [r,p,k] = residue(B,A)            % 求被积函数的留数
r =
```

```
                0     -    1i
                0     +    1i
p =
                0     +    1i
                0     -    1i
k =
                1          0         -1
>> I = 2 * pi * sum(r)              % 利用留数定理计算积分值
 I =
                0
```

对沿闭合路径的积分,先计算闭区域内各孤立奇点的留数,再利用留数定理可得积分值.

8.4 泰勒级数展开

泰勒级数展开在复变函数中有很重要的地位,如分析复变函数的解析性等.

函数:taylor   % Taylor 级数展开

格式:taylor(fcn,x,x0,'order',n)
       % 对函数 fcn 在点 x0 处进行 n 阶泰勒展开

例 1 求下列函数在点 z_0 处的泰勒级数展开式前 4 项.

(1) $f=\dfrac{1}{z-b}$, $z_0=4$; (2) $f=\tan z$, $z_0=\dfrac{\pi}{4}$.

解 在 MATLAB 中实现如下:

(1)

```
>> syms z a b;
>> f = 1/(z - b);
>> taylor(f,z,a,'order',4)
ans = 1/(a-b) - 1/(a-b)^2 * (z-a) + 1/(a-b)^3 * (z-a)^2 - 1/(a-b)^4 * (z-a)^3
```

(2)

```
>> taylor(tan(z),z,pi/4,'order',4)
ans = 1 + 2 * z - 1/2 * pi + 2 * (z - 1/4 * pi)^2 + 8/3 * (z - 1/4 * pi)^3 + 10/3 * (z - 1/4 * pi)^4 + 64/15 * (z - 1/4 * pi)^5
```

注意 泰勒展开运算实质上是符号运算,因此在 MATLAB 中执行此命令前应先定义符号变量 syms z,否则 MATLAB 将给出出错信息!

8.5 留数计算

留数定义:设 a 为 $f(z)$ 的孤立奇点,C 为 a 的充分小的邻域内一条包含 a 点的闭路,积分 $\frac{1}{2\pi i}\oint_C f(z)\mathrm{d}z$ 称为 $f(z)$ 在 a 点的留数或残数,记作 $\mathrm{Res}[f(z),a]$. 在 MATLAB 中,可由函数 residue 实现.

  函数：residue   % 留数函数(部分分式展开)

  格式： [R, P, K] = residue (B, A)

  说明 若设 $f(z)=\dfrac{B(s)}{A(s)}=\dfrac{R(1)}{s-P(1)}+\dfrac{R(2)}{s-P(2)}+\cdots+\dfrac{R(n)}{s-P(n)}+K(s)$,则 MATLAB 命令中的向量 B 为 $f(z)$ 的分子系数(以 s 降幂排列);向量 A 为 $f(z)$ 的分母系数(以 s 降幂排列);向量 R 为留数;向量 P 为极点;极点的数目

$$n = \mathrm{length}(A)-1 = \mathrm{length}(R) = \mathrm{length}(P).$$

向量 K 为直接项,如果 $\mathrm{length}(B)<\mathrm{length}(A)$,则 $K=[\,]$,即直接项系数为空;否则 $\mathrm{length}(K)=\mathrm{length}(B)-\mathrm{length}(A)+1$. 如果存在 m 重极点,即有 $P(j)=P(j+1)=\cdots=P(j+m-1)$,则展开项包括以下形式:

$$\frac{R(j)}{s-P(j)}+\frac{R(j+1)}{(s-P(j))^2}+\cdots+\frac{R(j+m-1)}{(s-P(j))^m}.$$

  注意 MATLAB 函数只能解决有理分式的留数问题.

  格式：[B, A] = residue (R, P, K)

  说明 R,P,K 含义同上. 当输入 R,P,K 后,可得 $f(z)$ 的分子、分母系数向量.

例 1 求函数 $f(z)=\dfrac{z^2-z+5}{z^3-2z^2+3z-1}$ 在奇点处的留数.

解 在 MATLAB 命令窗口输入

```
>> [r1,p1,k1] = residue([1, -6,5],[1, -2,3, -1])
r1 =
  -0.2098 + 1.6377i
  -0.2098 - 1.6377i
   1.4195
p1 =
   0.7849 + 1.3071i
   0.7849 - 1.3071i
   0.4302
k1 =       []
```

8.6 傅里叶变换及其逆变换

1. 傅里叶变换

  函数：fourier

  格式：F = fourier (f)   % 返回以默认独立变量 x 对符号函数 f 的傅里叶变

```
                                % 换,默认返回 w 的函数;如果 f = f(w),则 fourier
                                % 函数返回 t 的函数 F = F(t).
        F = fourier (f, v)      % 以 v 代替默认值 w 的傅里叶变换.
        F = fourier (f, u, v)   % 以 v 代替 w 且对 u 积分.
```

例 1 求下列函数的傅里叶变换.

(1) $f(t)=\dfrac{1}{t}$;

(2) $f(t)=\mathrm{e}^{-\frac{x}{2}}$;

(3) $f(t)=4\mathrm{e}^{-2t^2}$;

(4) $f(t)=\mathrm{e}^{-t}u(t)$,其中 $u(t)=\begin{cases}1, & x>0 \\ 0.5, & x=0. \\ 0, & x<0\end{cases}$

解 (1)

```
>> syms t v w x
>> fourier(1/t)
ans =
  i * pi * (Heaviside( - w) - Heaviside(w))
```

(2)

```
>> fourier(exp( - x^2),x,t)
ans =
  pi^(1/2) * exp( - 1/4 * t^2)
```

(3)

```
>> fourier(4 * exp( - 2 * t^2))
ans =
  (2 * 2^(1/2) * pi^(1/2))/exp(w^2/8)
```

(4)

```
>> fourier(exp( - t) * 'Heaviside(t)',v)
ans =
  1/(1 + i * v)
```

注 通常情况下,在 MATLAB 中 $\mathrm{heaviside}(x)=\begin{cases}1, & x>0 \\ 0.5, & x=0. \\ 0, & x<0\end{cases}$

2. 傅里叶逆变换

函数:ifourier

格式:f = ifourier (F)   % 返回以默认独立变量 w 对符号函数 F 的 Fourier 逆
                         % 变换,默认返回 x 的函数;如果 F = F(x),则 ifourier
                         % 函数返回 t 的函数.

```
        f = ifourier(F,u)          % 以 u 代替默认值 x 的 Fourier 逆变换.
        f = ifourier(F,v,u)        % 以 u 代替 x 且对 v 积分.
```

例 2 求下列函数的傅里叶逆变换.

(1) $F(w) = we^{-3w}u(w)$；　　(2) $F(w) = \dfrac{1}{1+w^2}$；　　(3) $F(w) = \dfrac{v}{1+w^2}$.

解 (1)

```
>> syms t u w x
>> ifourier(w * exp( - 3 * w) * ('Heaviside(w)'))
ans =
  1/2/( - 3 + i * x)^2/pi
```

(2)

```
>> ifourier(1/(1 + w^2),u)
ans =
  1/2 * exp( - u) * Heaviside(u) + 1/2 * exp(u) * Heaviside( - u)
```

(3)

```
>> ifourier('v'/(1 + w^2),'v',u)
ans =
  - i/(1 + w^2) * Dirac(1,u)
```

注 Dirac 函数也称 δ 函数.

8.7　拉普拉斯变换及其逆变换

1. 拉普拉斯变换

函数：laplace

```
格式：L = laplace (F)         % 返回以默认独立变量 t 对符号函数 F 的拉普拉斯变
                              % 换.函数返回默认为 s 的函数.如果 F = F(s),则
                              % 拉普拉斯变换返回 t 的函数 L = L(t).其中定义 L
                              % 为对 t 的积分 L(s) = int(F(t) * exp( - s * t),
                              % 0, inf).
      L = laplace (F,t)       % 以 t 代替 s 的拉普拉斯变换.laplace (F,t)等价于
                              % L(t) = int(F(x) * exp( - t * x), 0, inf)
      L = laplace (F,w,z)     % 以 z 代替 s 的拉普拉斯变换(相对于 w 的积分).
                              % laplace (F,w,z)等价于 L(z) = int (F(w) *
                              % exp( - z * w), 0, inf)
```

例 1 求下列函数的拉普拉斯变换.

(1) $f(x) = x^5$；　　(2) $f(s) = e^{as}$；

(3) $f(x)=\sin(wx)$; (4) $f(x)=\cos(wx)$;

(5) $f(x)=x^{\frac{3}{2}}$; (6) $f(x)=\dfrac{\mathrm{d}F(x)}{\mathrm{d}x}$.

解 (1)

```
>> syms a s t w x
>> laplace(x^5)
ans =
   120/s^6
```

(2)

```
>> laplace(exp(a*s))
ans =
   1/(t-a)
```

(3)

```
>> laplace(sin(w*x),t)
ans =
   w/(t^2+w^2)
```

(4)

```
>> laplace(cos(x*w),w,t)
ans =
   t/(t^2+x^2)
```

(5)

```
>> laplace(x^(3/2),t)
ans =
   3/4/t^(5/2)*pi^(1/2)
```

(6)

```
>> laplace(diff(F(x)))
   ans =
     s*laplace(F(x),x,s)-F(0)
```

2. 拉普拉斯逆变换

函数：ilaplace

格式：F = ilaplace (L)   % 返回以默认独立变量 s 对符号函数 L 的拉普拉斯逆
                            % 变换，默认返回 t 的函数. 如果 L = L(t)，则
                            % ilaplace 返回 x 的函数 F = F(x)

　　　 F = ilaplace (L, y)   % 以 y 代替默认的 t 的函数

　　　 F = ilaplace (L, y, x) % 以 x 代替 t 的函数，求逆变换时对 y 取积分

例2 求下列函数的拉普拉斯逆变换.

(1) $F(s)=\dfrac{1}{s-1}$;   (2) $F(t)=\dfrac{1}{t^2+1}$;

(3) $F(t)=t^{-\frac{5}{2}}$;   (4) $F(w)=\dfrac{y}{y^2+w^2}$;

(5) $F(s)=\ell[f(x)]$.

解 (1)

```
>> syms s t w x y
>> ilaplace(1/(s-1))
ans =
   exp(t)
```

(2)

```
>> ilaplace(1/(t^2+1))
ans =
   sin(x)
```

(3)

```
>> ilaplace(t^(-5/2),x)
ans =
   4/3*x^(3/2)/pi^(1/2)
```

(4)

```
>> ilaplace(y/(y^2+w^2),y,x)
ans =
   cos((w^2)^(1/2)*x)
```

(5)

```
>> ilaplace('laplace(F(x),x,s)',s,x)
ans =
   f(x)
```

习 题 答 案

习题一

1. (1) $z=-\dfrac{3}{2}-\dfrac{1}{2}\mathrm{i}, \bar{z}=-\dfrac{3}{2}+\dfrac{1}{2}\mathrm{i}, |z|=\dfrac{\sqrt{10}}{2}, \mathrm{Re}(z)=-\dfrac{3}{2}, \mathrm{Im}(z)=-\dfrac{1}{2},$ $\arg z=-\pi+\arctan\dfrac{1}{3}$;

(2) $z=3-22\mathrm{i}, \bar{z}=3+22\mathrm{i}, |z|=\sqrt{493}, \mathrm{Re}(z)=3, \mathrm{Im}(z)=-22, \arg z=-\arctan\dfrac{22}{3}$;

(3) $z=-1+7\mathrm{i}, \bar{z}=-1-7\mathrm{i}, |z|=5\sqrt{2}, \mathrm{Re}(z)=-1, \mathrm{Im}(z)=7, \arg z=\pi-\arctan 7$;

(4) $z=-3+4\mathrm{i}, \bar{z}=-3-4\mathrm{i}, |z|=5, \mathrm{Re}(z)=-3, \mathrm{Im}(z)=4, \arg z=\pi-\arctan\dfrac{4}{3}$.

2. $x=1, y=11$.

4. (1) $|z|=2, \arg z=\dfrac{\pi}{6}$;   (2) $|z|=\sqrt{2}, \arg z=-\dfrac{3\pi}{4}$;

(3) $|z|=\sqrt{5}, \arg z=-\arctan\dfrac{1}{2}$;   (4) $|z|=\sqrt{10}, \arg z=\pi-\arctan 3$.

5. (1) $z=3\left(\cos\dfrac{\pi}{2}+\mathrm{i}\sin\dfrac{\pi}{2}\right)=3\mathrm{e}^{\frac{\pi}{2}\mathrm{i}}$;   (2) $z=4(\cos\pi+\mathrm{i}\sin\pi)=4\mathrm{e}^{\pi\mathrm{i}}$;

(3) $z=2\left(\cos\dfrac{2\pi}{3}+\mathrm{i}\sin\dfrac{2\pi}{3}\right)=2\mathrm{e}^{\frac{2\pi}{3}\mathrm{i}}$;

(4) $z=\sqrt{2}\left[\cos\left(-\dfrac{\pi}{4}\right)+\mathrm{i}\sin\left(-\dfrac{\pi}{4}\right)\right]=\sqrt{2}\mathrm{e}^{-\frac{\pi}{4}\mathrm{i}}$;

(5) $z=2\sin\dfrac{\varphi}{2}\left[\cos\left(\dfrac{\pi}{2}-\dfrac{\varphi}{2}\right)+\mathrm{i}\sin\left(\dfrac{\pi}{2}-\dfrac{\varphi}{2}\right)\right]=2\sin\dfrac{\varphi}{2}\mathrm{e}^{\left(\frac{\pi}{2}-\frac{\varphi}{2}\right)\mathrm{i}}$;

(6) $z=\cos(-7\varphi)+\mathrm{i}\sin(-7\varphi)=\mathrm{e}^{-7\varphi\mathrm{i}}$.

8. (1) -1;   (2) -4;

(3) $\omega_0=1$, $\omega_1=\frac{1}{2}+\frac{\sqrt{3}}{2}i$, $\omega_2=-\frac{1}{2}+\frac{\sqrt{3}}{2}i$, $\omega_3=-1$, $\omega_4=-\frac{1}{2}-\frac{\sqrt{3}}{2}i$, $\omega_5=\frac{1}{2}-\frac{\sqrt{3}}{2}i$;

(4) $\omega_0=\sqrt[8]{2}\left(\cos\frac{\pi}{16}+i\sin\frac{\pi}{16}\right)$, $\omega_1=\sqrt[8]{2}\left(\cos\frac{9\pi}{16}+i\sin\frac{9\pi}{16}\right)$,

$\omega_2=\sqrt[8]{2}\left(\cos\frac{17\pi}{16}+i\sin\frac{17\pi}{16}\right)$, $\omega_3=\sqrt[8]{2}\left(\cos\frac{25\pi}{16}+i\sin\frac{25\pi}{16}\right)$.

10. (1) 以 $-2+i$ 为圆心，2 为半径的圆周；

(2) 以 i 为圆心，1 为半径的圆周及其外部区域；

(3) 直线 $y=-3$；

(4) 实轴或 $y=0$；

(5) 以 -3 和 -1 为焦点，长轴为 4 的椭圆；

(6) 不包含实轴的上半平面.

11. (1) $z=1+i+(-2-5i)t, 0\leqslant t\leqslant 1$；

(2) $|z-2-i|=1$；

(3) $z=a\cos t+ib\sin t, (0\leqslant t\leqslant 2\pi)$；

(4) $z=t+\frac{1}{t}i, t\neq 0$.

12. (1) 圆周 $u^2+v^2=\frac{1}{3}$； (2) 直线 $v=-u$；

(3) 圆周 $\left(u-\frac{1}{4}\right)^2+v^2=\frac{1}{16}$； (4) 直线 $u=\frac{1}{2}$.

13. (1) $-\frac{3}{5}-\frac{1}{5}i$； (2) $\frac{3}{2}$.

习题二

1. (1) $\left(\frac{1}{z}\right)'=-\frac{1}{z^2}$； (2) $z=0$ 时，$f'(z)=0$；$z\neq 0$，$f'(z)$ 不存在.

3. (1) 在复平面内处处可导，且 $f'(z)=-8(1-2z)^3$；

(2) 在 $z\neq\pm i$ 处可导，且 $f'(z)=\frac{2(1-z^2)}{(z^2+1)^2}$；

(3) 在 $z\neq\pm i, z\neq -1$ 处可导，且 $f'(z)=\frac{-2z^3+5z^2+4z+3}{(z+1)^2(z^2+1)^2}$；

(4) 在复平面内处处可导，且 $f'(z)=3z^2-2i$.

4. (1) 仅在 $z=0$ 处可导，在复平面内处处不解析；

(2) 在 $\sqrt{2}x\pm\sqrt{3}yi=0$ 上可导，在复平面内处处不解析；

(3) 在复平面内处处解析；

(4) 在复平面内处处不可导,处处不解析.

5. (1) $f'(z)=3z^2$；　　　　(2) $f'(z)=(z+1)e^z$.

6. $m=1, n=l=-3$.

12. (1) $e^2(\cos 1+i\sin 1)$；　　(2) $\dfrac{1}{2}e^{\frac{2}{3}}(1-\sqrt{3}i)$.

13. $\text{Ln}(-i)=\left(2k-\dfrac{1}{2}\right)\pi i, \ln(-i)=-\dfrac{1}{2}\pi i$；

$\text{Ln}(-3+4i)=\ln 5-i\arctan\dfrac{4}{3}+(2k+1)\pi i, \ln(-3+4i)=\ln 5+\left(\pi-\arctan\dfrac{4}{3}\right)i$.

14. (1) $\sqrt{2}e^{\frac{\pi}{4}+2k\pi}\left[\cos\left(\dfrac{\pi}{4}-\ln\sqrt{2}\right)+i\sin\left(\dfrac{\pi}{4}-\ln\sqrt{2}\right)\right], k=0,\pm 1,\pm 2,\cdots$；

(2) $1^{\sqrt{2}}=\cos(2\sqrt{2}k\pi)+i\sin(2\sqrt{2}k\pi), k=0,\pm 1,\pm 2,\cdots$.

15. (1) $z=\ln 2+i\left(\dfrac{\pi}{3}+2k\pi\right), k=0,\pm 1,\pm 2,\cdots$；

(2) $z=i$；　　　　(3) $(2k+1)\pi i, k=0,\pm 1,\pm 2,\cdots$.

16. $\cos(1+i)=\dfrac{1}{2}[(e+e^{-1})\cos 1+i(e^{-1}-e)\sin 1]$.

习题三

1. (1) $-\dfrac{1}{3}+\dfrac{1}{3}i$；　　(2) $-\dfrac{1}{2}+\dfrac{5}{6}i$；　　(3) $-\dfrac{1}{3}-\dfrac{1}{6}i$.

2. 均为 $\dfrac{(1+i)^3}{3}$.

3. (1) 1；(2) 2；(3) 2.

4. $\dfrac{25}{4}$.

5. (4) $2\pi i$,其余均为 0.

6. 当 $n<0$ 时,$\oint_C \dfrac{1}{z^n}dz=0$；当 $n\geqslant 2$ 时,$\oint_C \dfrac{1}{z^n}dz=0$；当 $n=1$,且原点不在 C 内时,$\oint_C \dfrac{1}{z^n}dz=0$；当 $n=1$,且原点在 C 内时,$\oint_C \dfrac{1}{z^n}dz=2\pi i$.

7. (1) $8\pi i$；　(2) 0；　(3) 0；　(4) 0；　(5) 0；　(6) $2\pi i$.

8. (1) $2\pi i$；　(2) 0；　(3) $-\pi i$；　(4) πi.

9. (1) $1-\cos(\pi i)$；　(2) $e(-\sin 1+i\cos 1)$；　(3) $(\pi-e^{2\pi}+e^{-2\pi})i$；

(4) $-\dfrac{11}{3}+\dfrac{1}{3}\mathrm{i}$; (5) $1-\cos 1+\mathrm{i}(\sin 1-1)$; (6) $-\dfrac{1}{2}\sin\pi^2$.

10. (1) $\dfrac{\pi}{2}\mathrm{i}$; (2) $\dfrac{\pi}{\mathrm{e}}$; (3) 0; (4) 0; (5) $4\pi\mathrm{i}$; (6) $\dfrac{\pi}{5}$.

11. (1) $-\dfrac{\pi}{2}(\mathrm{e}+\mathrm{e}^{-1})\mathrm{i}$; (2) $2\pi(3-\mathrm{e})\mathrm{i}$; (3) $\sqrt{2}\pi\sin\left(1-\dfrac{\pi}{4}\right)\mathrm{i}$; (4) 0;

(5) 当 $|a|>1$ 时,0；当 $|a|<1$ 时,$\pi\mathrm{e}^a$.

14. (1) $-\mathrm{i}(z-1)^2$; (2) $x^2-y^2-3y+(2xy+3x)\mathrm{i}$; (3) $\dfrac{1}{2}-\dfrac{1}{z}$.

18. 若 C 既不包含 0 也不包含 1，$\oint_C \dfrac{\mathrm{e}^z\mathrm{d}z}{z(1-z)^3}=0$;

若 C 包含 0 但不包含 1，$\oint_C \dfrac{\mathrm{e}^z\mathrm{d}z}{z(1-z)^3}=2\pi\mathrm{i}$;

若 C 包含 1 但不包含 0，$\oint_C \dfrac{\mathrm{e}^z\mathrm{d}z}{z(1-z)^3}=-\mathrm{e}\pi\mathrm{i}$;

若 C 包含 0 与 1，$\oint_C \dfrac{\mathrm{e}^z\mathrm{d}z}{z(1-z)^3}=(2-\mathrm{e}\pi)\mathrm{i}$.

习题四

1. (1) 收敛，-1; (2) 发散; (3) 收敛，0;
(4) 发散; (5) 收敛，0; (6) 收敛，0.

2. 不一定.

3. (1) 收敛; (2) 发散; (3) 绝对收敛;
(4) 不绝对收敛（条件收敛）; (5) 条件收敛; (6) 发散.

6. (1) 不正确; (2) 不正确; (3) 不正确.

7. $R'=R|b|$.

8. (1) $R=1$，收敛域：$|z|\leqslant 1$; (2) $R=1$，收敛域：$|z-1|\leqslant 1$;

(3) $R=+\infty$; (4) $R=\dfrac{1}{2}$，收敛域：$|z|\leqslant\dfrac{1}{2}$;

(5) 收敛，收敛域：$|z|<\dfrac{\sqrt{5}}{5}$.

9. (1) $-\dfrac{z}{(1+z)^2}$; (2) $\mathrm{Ln}(1+z)$ $|z|\leqslant 1$ 且 $z\neq -1$.

10. (1) $1-z^3+z^6-\cdots+(-1)^n z^{3n}-\cdots$ $|z|<1$，$R=1$;

(2) $\displaystyle\sum_{n=0}^{\infty} n z^{n-1}$, $|z|<1$; (3) $\displaystyle\sum_{k=0}^{\infty} \dfrac{z^{2n}}{n!}$, $|z|<1$;

(4) $\displaystyle\sum_{n=0}^{\infty}(-1)^n \dfrac{z^{2n+1}}{(2n+1)!}$, $|z|<\dfrac{1}{2}$.

11. (1) $\sum_{n=0}^{\infty}(-1)^n\frac{1}{2^n}(z-2)^{n-1}, R=2$;   (2) $\sum_{n=0}^{\infty}\frac{-1}{2^{n+1}}(z+1)^{n+1}, R=2$;

(3) $\sum_{n=1}^{\infty}\frac{n}{2^{n+1}}(z-2)^{n-1}, R=2$;   (4) $-\frac{1}{3}\sum_{n=0}^{\infty}\left[(-1)^n\frac{1}{2^{n+1}}+1\right]z^n, R=1$;

(5) $\sum_{n=1}^{\infty}(-1)^{n-1}\frac{1}{2n-1}z^{2n-1}, R=1$;   (6) $\sum_{n=0}^{\infty}e\frac{(z-1)^n}{n!}, R=+\infty$;

(7) $\sum_{n=0}^{\infty}(-1)^n\left(\frac{1}{2^{2(n+1)}}+\frac{1}{2^{2n+1}}\right)(z-2)^n, R=4$;

(8) $\sum_{n=0}^{\infty}\frac{1}{5}\left[\frac{-1}{4^{n+1}}-(-1)^n\right]z^{n+1}, R=1$.

12. (1) $f(z)=\frac{1}{2}+\frac{3}{4}z+\frac{7}{8}z^2+\cdots, 0<|z|<1$,

$f(z)=\cdots-\frac{1}{z^n}-\frac{1}{z^{n-1}}-\cdots-\frac{1}{z}-\frac{1}{2}-\frac{z}{4}-\frac{z^2}{8}-\cdots, 1<|z|<2$,

$f(z)=\frac{1}{z^2}+\frac{3}{z^3}+\frac{7}{z^4}+\cdots, 2<|z|<+\infty$;

(2) $-\frac{1}{z^2}-2\sum_{n=0}^{\infty}z^{n-1}, \frac{1}{z^2}+2\sum_{n=0}^{\infty}\frac{1}{z^{n+3}}$;

(3) $\sum_{n=-1}^{\infty}(n+2)z^n, 0<|z|<1, \sum_{n=2}^{\infty}(-1)^n(z-1)^n, |z-1|<1$;

(4) $\sum_{n=0}^{\infty}(-1)^n\frac{1}{i^{n+1}}z^{n-2}, \sum_{n=1}^{\infty}(-1)^n\frac{(n+1)i^n}{(z-i)^{n+3}}$;

(5) $\sum_{n=0}^{\infty}\frac{i^{n-1}}{2^{n+1}}(z-i)^n, \sum_{n=0}^{\infty}(-1)^n\frac{(2i)^n}{(z-i)^{n+2}}$;

(6) $-\sum_{n=0}^{\infty}(-1)^n\frac{1}{(2n+1)!}\frac{1}{(z-1)^{2n+1}}, 0<|z-1|<+\infty$.

13. 不正确.

15. (1) $2\pi i$,   (2) $4\pi i$.

习题五

1. 不是.

2. (1) 本性奇点;   (2) 可去奇点.

3. (1) $z=0$,二级极点.

(2) $z=0$,一级极点.

(3) $z=\pm\sqrt{k\pi},\pm\sqrt{k\pi}i(k=1,2,\cdots)$,一级极点;$z=0$,二级极点.

(4) $z=0$,一级极点;$z=\pm i$,一级极点.

(5) $z=0$，二级极点．

(6) $z=-1$，一级极点；$z=1$，二级极点．

(7) $z=1$，一级极点．   (8) $z=2k\pi(k\in\mathbf{Z})$，一级极点．

7. (1) $\mathrm{Res}\left(\dfrac{z-1}{z^2+3z},0\right)=-\dfrac{1}{3}$，$\mathrm{Res}\left(\dfrac{z-1}{z^2+3z},-3\right)=\dfrac{4}{3}$；

(2) $\mathrm{Res}\left(\dfrac{1-\mathrm{e}^z}{z^3},0\right)=-\dfrac{1}{2}$；

(3) $\mathrm{Res}\left[\dfrac{1+z^4}{(z^2+1)^3},\mathrm{i}\right]=-\dfrac{3\mathrm{i}}{8}$，$\mathrm{Res}\left[\dfrac{1+z^4}{(z^2+1)^3},-\mathrm{i}\right]=\dfrac{3\mathrm{i}}{8}$；

(4) $\mathrm{Res}\left(\cos\dfrac{1}{1-z},1\right)=0$；

(5) $\mathrm{Res}\left(z^2\sin\dfrac{1}{z},0\right)=-\dfrac{1}{6}$；   (6) $\mathrm{Res}\left[\dfrac{z}{\cos z},\dfrac{\pi}{2}+k\pi\right]=\pm\dfrac{\pi}{2}+k\pi$．

8. (1) 0；   (2) $\pi\mathrm{i}(\mathrm{e}+\mathrm{e}^{-1})$；   (3) $2\pi\mathrm{i}$；   (4) $4\pi\mathrm{i}\mathrm{e}^2$；

(5) 0；   (6) $-6\mathrm{i}$．

9. (1) 本性奇点，$\mathrm{Res}\left[\mathrm{e}^{\frac{1}{z}},\infty\right]=-1$；

(2) 本性奇点，$\mathrm{Res}[\sin z-\cos z,\infty]=0$；

(3) 可去奇点，$\mathrm{Res}\left[\dfrac{z}{2+z^2},\infty\right]=-1$；

(4) 可去奇点，$\mathrm{Res}\left[\dfrac{1}{z(z-1)^2(z+3)},\infty\right]=0$．

10. (1) $2\pi\mathrm{i}$；   (2) $-2\pi\mathrm{i}\mathrm{e}^{-1}$；   (3) $2\pi\mathrm{i}\dfrac{-\mathrm{e}^{\mathrm{i}\frac{\pi+2k\pi}{n}}}{n}$．

11. (1) $\dfrac{3\pi}{2}$；   (2) $\dfrac{2\pi}{\sqrt{1-a^2}}$．

12. (1) $\pi\mathrm{e}^{-1}\cos 2$；   (2) $\dfrac{\sqrt{2}}{2}\pi$．

习题六

1. 略．

2. 略．

3. $F(n\omega_0)=\dfrac{-2}{(4\pi^2-1)\pi}$，$n\in z$，$f(t)=-\dfrac{2}{\pi}\sum\limits_{n=-\infty}^{+\infty}\dfrac{1}{4\pi^2-1}\mathrm{e}^{\mathrm{i}n\omega_n t}$．

4. (1) $F(\omega)=-\dfrac{2\mathrm{i}}{\omega}(1-\cos\omega)$；   (2) $F(\omega)=\dfrac{1}{1-\mathrm{i}\omega}$；

(3) $F(\omega)=-\dfrac{4}{\omega^2}\left(\cos\omega-\dfrac{1}{\omega}\sin\omega\right)$；   (4) $F(\omega)=\dfrac{2(5-\omega^2-2\mathrm{i}\omega)}{\omega^4-6\omega^2+25}$．

5. (1) $F(\omega)=\dfrac{2\sin\omega}{\omega}$; (2) $F(\omega)=\dfrac{2\mathrm{i}\sin\omega\pi}{\omega^2-1}$.

6. (1) $\dfrac{2}{\mathrm{i}\omega}$; (2) $\dfrac{\pi\mathrm{i}}{2}[\delta(\omega+2)-\delta(\omega-2)]$;

(3) $\dfrac{\pi\mathrm{i}}{4}[\delta(\omega-3)-3\delta(\omega-1)+3\delta(\omega+1)-\delta(\omega+3)]$;

(4) $\dfrac{\mathrm{i}\pi}{2}[\delta(\omega+5)-\delta(\omega-5)]+\dfrac{\sqrt{3}}{2}\pi[\delta(\omega+5)-\delta(\omega-5)]$.

11. $f(t)=\cos\omega_0 t$.

12. $F(\omega)=\cos a\omega+\cos\dfrac{a}{2}\omega$.

14. $f_1(t)*f_2(t)=\begin{cases}1-\mathrm{e}^{-t}, & t>0\\ 0, & t\leqslant 0\end{cases}$.

16. (1) $\dfrac{\pi}{2\mathrm{i}}[\delta(\omega-\omega_0)-\delta(\omega+\omega_0)]-\dfrac{\omega_0}{\omega^2+\omega_0^2}$; (2) $\mathrm{i}\pi\delta'(\omega-\omega_0)-\dfrac{1}{(\omega-\omega_0)^2}$.

习题七

1. (1) $\ell[u(t)]=\displaystyle\int_0^{+\infty}u(t)\mathrm{e}^{-st}\mathrm{d}t=\int_0^{+\infty}\mathrm{e}^{-st}\mathrm{d}t=-\dfrac{1}{s}\mathrm{e}^{-st}\Big|_{t=0}^{+\infty}=\dfrac{1}{s}$;

(2) $\ell[\mathrm{e}^{-at}]=\displaystyle\int_0^{+\infty}\mathrm{e}^{-at}\mathrm{e}^{-st}\mathrm{d}t=\int_0^{+\infty}\mathrm{e}^{-(a+s)t}\mathrm{d}t=\dfrac{1}{s+\alpha}$;

(3) $\ell[t]=\displaystyle\int_0^{+\infty}t\mathrm{e}^{-st}\mathrm{d}t=\int_0^{+\infty}t\mathrm{d}\dfrac{\mathrm{e}^{-st}}{-s}=\dfrac{t\mathrm{e}^{-st}}{-s}\Big|_{t=0}^{+\infty}+\int_0^{+\infty}\dfrac{\mathrm{e}^{-st}}{s}\mathrm{d}t=\dfrac{1}{s^2}$.

2. (1) $\ell[(t-1)u(t-1)]=\dfrac{1}{s^2}\mathrm{e}^{-s}$;

(2) $\ell[u(t)-u(t-1)]=\dfrac{1}{s}-\dfrac{1}{s}\mathrm{e}^{-s}=\dfrac{1}{s}(1-\mathrm{e}^{-s})$;

(3) $\ell\left[\dfrac{1}{10}\sin 2t+3\cos 4t\right]=\dfrac{1}{5(s^2+4)}+\dfrac{3s}{s^2+16}$;

(4) $\ell[\mathrm{e}^{-\lambda t}\sin\omega t]=\dfrac{\omega}{(s+\lambda)^2+\omega}$;

(5) $\ell[t^n\mathrm{e}^{p_0 t}]=(-1)^n\left(\dfrac{1}{s-p_0}\right)_s^{(n)}=\dfrac{n!}{(s-p_0)^{n+1}}$;

(6) $\ell[\mathrm{e}^{bt}-\mathrm{e}^{at}]=\dfrac{1}{s-b}-\dfrac{1}{s-a}$, $\ell\left[\dfrac{\mathrm{e}^{bt}-\mathrm{e}^{at}}{t}\right]=\ln\dfrac{s-a}{s-b}$.

3. $\ell[f(t)]=\dfrac{1}{(1-\mathrm{e}^{-\pi s})(s^2+1)}$.

4. $\dfrac{1}{2k}\sin kt-\dfrac{t}{z}\cos kt$.

5. 提示：用卷积性.

6. 提示：用卷积的定义.

7. (1) $\ell^{-1}\left[\dfrac{1}{s+2}\right]=e^{-2t}$;

(2) $\ell^{-1}\left[\dfrac{1}{s^2+25}\right]=\ell^{-1}\left[\dfrac{5\times\dfrac{1}{5}}{s^2+25}\right]=\dfrac{1}{5}\sin 5t$;

(3) $\ell^{-1}\left[\dfrac{1}{s^3}\right]=\dfrac{t^2}{2!}$;

(4) $\ell^{-1}\left[\dfrac{1}{s^2}e^{-5s}\right]=(t-5)u(t-5)$;

(5) $\ell^{-1}\left[\dfrac{1-e^{-s}}{s}\right]=u(t)-u(t-1)$;

(6) $\ell^{-1}\left[\dfrac{1}{\sqrt{s-2}}e^{-5s}\right]=u(t-5)\dfrac{1}{\sqrt{\pi(t-5)}}e^{-2(t-5)}$;

(7) $\ell^{-1}\left[\ln\left(1+\dfrac{1}{s}\right)\right]=\dfrac{1}{t}(1-e^{-t})$;

(8) $\ell^{-1}\left[\dfrac{1}{(s-2)^{n+1}}\right]=\dfrac{1}{n!}t^n e^{2t}$.

8. (1) $\dfrac{1}{T}\left(1-\cos\dfrac{1}{T}t\right)$;

(2) $2-2e^t+e^{2t}$.

9. (1) $x(t)=-e^{-4t}\sin t, y(t)=e^{-4t}(\cos t+\sin t)$;

(2) 记 $x(0)=c_1', y(0)=c_2'$, 则 $c_1=c_1', c_2=c_1'-c_2'$,
$x(t)=e^{6t}(c_1\cos t+c_2\sin t), y(t)=e^{6t}[(c_1-c_2)\cos t+(c_1+c_2)\sin t]$.

10. $g(t)=\ell^{-1}[y(s)]=at$.

参 考 文 献

[1] 马柏林,李丹衡,晏华辉.复变函数与积分变换[M].修订版.上海:复旦大学出版社,2013.
[2] 郝志峰.复变函数与积分变换[M].上海:复旦大学出版社,2015.
[3] 赵辉,孙阳,孙若姿.复变函数与积分变换[M].上海:复旦大学出版社,2013.
[4] 姚卫,等.复变函数与积分变换[M].北京:清华大学出版社,2015.
[5] 邓浏睿,孟伟,张同全.复变函数与积分变换[M].北京:北京邮电大学出版社,2011.
[6] 周正中,郑吉富.复变函数与积分变换[M].北京:高等教育出版社,2001.
[7] 刁元胜.积分变换[M].广州:华南理工大学出版社,2003.
[8] 王绵森,陆庆乐.复变函数[M].北京:高等教育出版社,2010.
[9] 李红,谢松法.复变函数与积分变换[M].北京:高等教育出版社,2008.
[10] 吴大正,等.信号与线性系统分析[M].北京:高等教育出版社,2016.